전과
의복생활

강인형 · 최병호 지음

청문각

다양한 보호기능 의류의 쾌적성 평가를 진행하는 과정에서 이것이 과연 국내 실정에 맞는 평가인지에 대한 의문을 계속 가지고 있었다. 쾌적성은 안전이 보장된 상위 개념 혹은 수평 개념으로 안전에 대한 기초 데이터를 확인하지 않고 다음 단계로 건너온, 순서가 전도된 것 같은 찜찜함이 항상 존재하였다. 이와 같은 생각을 정리하게 된 계기가 있었는데, 작년 9월 방문한 핀란드의 헬싱키는 국립박물관, 미술관 등의 대대적인 보수공사가 한창이었다. 북유럽의 겨울은 어느 곳보다 해가 빨리 저물었고 저자가 머무르는 동안은 비도 잦았다. 하지만 비가 내리는 어두운 거리에서 도로점용 공사장 작업자들을 일반 보행자들과 확연히 구분할 수 있었는데, 그 이유를 그들의 착용복장에서 찾을 수 있었다. 왜냐하면 그들은 이미 EN ISO 20471에 준한 형광직물과 재귀반사재로 이루어진 안전의복을 착용하고 있었던 것이다. 이는 개인적으로 의복착용의 목적을 되짚어 보는 신선한 경험이었다. 인류는 자연으로부터 신체를 보호하기 위해 의복을 착용하기 시작하였는데, 자동차 문명에 정착되어 있는 우리 역시 자동차 중심의 도로환경으로부터 생명과 신체를 지키기 위해 애써야 하는 처지에 이르게 된 것이다. 다시 말해 도로환경에서 착용의복으로 생명과 신체의 상해를 줄이는 것은 누구나 선택할 수 있는 가장 효율적인 방법 중의 하나였던 것이다. 이와 관련하여 국내에서 다양한 보호기능 의류의 평가가 어떻게 이루어지고 있는지를 살펴보고, 고시인성 안전의복의 필요성 및 착용효과를 중심으로 서술하였다.

원고를 마무리할 즘에 국제산업안전박람회(A+A, 2015)가 독일에서 열렸고, 가까운 동경에서는 고시인성 안전의복 일본규격의 JIS T 8127 제정설명회(2015.12.3)가 있었다. 마음은 다시 바빠졌다. 국내에서도 관련 규격이 만들어지면 국제적 수준의 고시인성 안전의복의 성능, 시험방법의 기준이 마련되고, 동시에 조달기준이 명확하게 되어 작업자의 안전은 물론이고 제조면, 제도면에서 한층 향상된 환경이 조성될 것이다. 또한 규격에 적합한 제품을 보급함으로써 도로점용공사장 작업자뿐만 아니라 통학학생, 자전거 및 휠체어 이용자, 시각장애인, 개인이동수단Personal Mobility Device 이용자 등 교통약자의 존재를 적시에 인지하여 사고 감소에도 기여할 수 있어 안전사회로의 매개체 역할이 가능할 것이다. 안전의복의 착용은 자신의 생명과 안전을 위한 것이지만 동시에 동료 착용자의 생명과 안전을 보호하기 위한 목적도 포함하고 있다. 이를 계기로 국내 기준 마련의 기틀을 제공하고자 하였으며, 안전사고의 감소 역할을 할 수 있는 계기가 되기를 바란다. 마지막으로 색에 관한 용어, 조명용어, 형광물체색의 측정방법, 재귀반사재의 광학적 측정방법 등은 다루지 않았다. 이후 새로운 기준이나 내용에 있어 부족한 부분은 수정하여 완성해 나갈 것이며, 출판을 맡아주신 청문각 사장님과 관계자 여러분께 진심으로 감사의 마음을 전한다.

실험실에서 강인형

2016년 6월

자동차 교통에 노출된 계층은 매우 다양하고 항시 사고의 위험을 안고 있다. 특히 야간이나 조도수준이 낮은 장소에서 작업자, 보행자 등의 탐지가 용이하지 않아 중대한 인명사고를 유발하고 있다. 재귀반사재는 야간에 작업자와 보행자의 동선을 멀리서도 인식할 수 있게 해주지만 착용자의 다양한 행동특성을 고려한 안전의복의 국내 연구개발은 걸음마 수준이다. 보행자와 자전거 이용자의 교통량이 증가하는 봄과 가을 시기에 야간이나 안개 등 조도가 떨어지는 장소에서 교통약자의 사고 위험도가 매우 높다. 왜냐하면 자동차 운전자가 야간에 통근로의 직장인, 통학로의 어린이, 공사장의 작업자를 적시에 탐지하거나 인지할 수 있는 능력은 주간의 5% 수준에 불과하기 때문에 자신의 존재를 시각적으로 부각시킬 수 있는 개인 보호 장비 Personal Protective Equipment, PPE는 일종의 생활필수품이라는 인식문화의 형성이 시급하다. 안전의복은 자동차의 정지거리를 줄여 교통사고를 예방할 수 있는 비용 대비 편익이 매우 높은 대책이다. 작업자뿐만 아니라 보행자, 자전거, 휠체어 이용자도 상의와 하의, 신발과 모자 그리고 백팩이 재귀반사재를 통합적 및 인간공학적으로 디자인한 안전의복을 일상에서 착용하도록 제품을 개발, 보급하는 노력이 필요하다. 특히 키가 작은 어린이는 시인성이 불량한 도로 공간에서 더욱 위험하기 때문에 부모는 가방구매 시 주·야간 시인성 효과에 각별한 관심을 가져야 한다.

어린이 통학로는 자동차 운전자가 너무 늦지 않게 어린이를 탐지할 수 있도록 서행을 강제하는 도로설계를 하는 한편, 어린이는 재귀반사재로 자신의 존재를 드러낼 수 있는 안전의복을 착용하여야 한다. 사고위험이 간과될 수 있는 보행환경과 작업환경의 위험도가 커질수록 안전의복의 재귀반사재는 더욱 눈에 띄고 넓게 사용되어야 한다. 최근에 도로에서 2차사고로 인한 인명피해가 사회적 이슈로 등장하여 차량 안전삼각대 비치 의무화가 이루어졌으나, 위급상황 시 운전자의 야광조끼 착용은 공론화가 되지 않았다. 이탈리아와 스페인 등의 국가는 이미 몇 년 전부터 모든 차량에 야광조끼 비치를 의무화하고 있고 독일노총은 회원사 상용차량에 야광조끼의 비치를 강제하고 있다. 국내에서도 정부 및 공공기관 관용차량부터 야광조끼 비치를 의무화하는 방안을 적극 고려할 시점이다. 이 책은 다양한 독자를 염두에 두고 작성하였다.

1장은 야간 교통사고의 현황과 특성을 통해 연구서를 쓰게 된 동기에 대한 독자의 이해를 구하고, 안전문제에 관한 공통의 출발선을 형성하고자 하였다. 2장은 안전의복 관련 법제도 특성에 대한 유럽연합과 미국 등의 국제동향을 서술한 것으로 피복공학, 의류학 등 관련 분야 공학도와 전문가에게 제도개선의 필요성에 대한 공감대를 얻고자 하였다. 일반 독자는 2장을 건너뛰고 3장으로 넘어가도 될 것이다. OECD 가입 이후 한 번도 교통사고 통계에서 꼴찌를 면하지 못하는 우리나라의 형국을 생각하며, 교통안전 연구자나 교통정책을 담당하는 공무원은 2.4장의 필독을 권한다.

    3장은 시인성과 반응에 대한 교통심리학적 연구결과를 다루어 안전의복의 효용성에 대해 의심을 품고 있는 독자를 염두에 두었다. 우리나라 도로환경에 적합한 안전의복의 연구개발 필요성을 강조하고자 하였으며, 인간공학 연구자의 분발을 기대한다. 4장은 피복공학 전문가의 필독을 권하는 한편, 안전의복 위험도 평가기술 및 인력양성에 대한 정부투자의 필요성을 강조하였다. 5장은 소비자단체가 관심을 갖고 읽어볼 필요가 있다. 제품에 대한 비교평가 행위를 통해 안전의복의 구매에 대한 소비자의 결정능력을 제고하고 제조사의 품질개선에 대한 투자를 유도하는 역할을 기대한다. 6장은 교통안전이 불안한 통학로와 자전거도로를 이용하는 초등학교, 중학교 자녀가 있는 부모가 반드시 필독하기를 기대한다. 안전의복은 단순히 상의와 하의에만 제한되지 않고 신발, 모자, 백팩, 신발주머니를 포함하는 개인 보호 장비의 하위개념이다. 이 책이 발간되는 시점은 여름밤 강변 경관을 만끽하며 달리는 자전거 이용자의 활동이 왕성해지는 시기를 고려하여 자전거 동호회의 필독을 권한다. 자신의 존재를 시각적으로 잘 보여주어야 자신의 생명을 지킬 수 있기 때문이다.

최병호
2016년 6월 김천

차례
CONTENTS

CHAPTER 1

시인성과
교통안전

1.1 야간 시인성과 교통사고의 관계

자동차가 공사장을 덮치는 행위는 작업자에게 가장 큰 위협요인으로 작용하고 치명적인 손상을 유발한다. 국내에서는 도로점용공사장, 철도공사장 등 교통부문 종사자의 작업 중 교통사고에 대해 별도로 기록관리가 되고 있지 않다. 연도별 도로작업자 사상자 발생 현황도 마찬가지로 공식적인 통계가 존재하지 않으나 최근 5년 간 고속도로 작업장 사고는 총 212건으로 2012년 48건, 2013년 22건, 2014년 25건으로 작업장 사고는 줄고 있으나 치사율은 2012년 29%, 2013년 41%, 2014년 48%로 오히려 증가추세에 있는 것으로 나타났다. 고속도로 작업장 사고의 대부분은 주간에 발생하고 작업장별로 구분하면, 갓길작업이 가장 위험하고 확장공사, 중분대작업, 팻칭작업 순으로 위험도가 높은 것으로 나타났다. 사고원인별로는 주시태만과 졸음이 차지하는 비중이 높았다(아주경제, 2015년 9월 17일자). 또한 최근 5년 간 국도 작업장 사고는 총 47건으로, 2011년 5건, 2012년 12건, 2013년 12건, 2014년 15건으로 증가경향을 보이고 있고 작업장별 사고유형을 보면, 작업 중 추락이 가장 많고 기계장비 사용오류, 운전자 부주의 순으로 위험도가 높게 나타났다(시사저널, 2015년 9월 9일자).

우리나라와 달리 OECD 선진국 대다수는 작업자의 교통사고 통계를 별도로 관리하고 있다. 예컨대 미국 연방교통부 도로교통안전국(NHTSA)의 사망사고분석시스템(FARS) 및 노동통계국(Bureau of Labor Statistics, BLS)에

표 1.1 2003~2010년간 공사장 작업자 사망사고 현황(미국 산재조사국)

연 도	2003	2004	2005	2006	2007	2008	2009	2010	2003 ~2010
도로점용공사장	110	119	165	139	106	101	116	106	962
공사장 전체	5,575	5,764	5,734	5,840	5,657	5,214	4,551	4,690	43,025
전체 산재사고 중 도로점용공사장이 차지하는 비중(%)	2.0	2.1	2.9	2.4	1.9	1.9	2.5	2.3	2.2

따르면 2003년부터 2010년까지 도로점용공사장에서 사망한 작업자는 962 명으로 이 중 절반은 자동차 충돌에 의한 교통사고로 집계되었다(Pegula, 2004).

미국 산재조사국(Bureau's Census of Fatal Occupational Injuries, CFOI) 에 의하면, 자동차 충돌에 의해 사망한 작업자 962명 중에 53%(509명)는 도로점용공사장을 통과하는 일반차량(승용차, 밴, 버스, 이륜자동차 등), 13%(122명)은 공사장 내 후진하는 작업차량(덤프트럭, 불도저, 그레이더, 환경미화차량 등)과 충돌하여 사망하는 경우이고, 작업차량의 68%(83명)는 덤프트럭이 차지하였다. 신호수 역할 혹은 교통통제 업무를 수행하다 사망한 작업자는 92명이었고, 이 가운데 무려 72명이 고시인성 안전의복(High-visibility warning clothing)을 착용하지 않은 것으로 드러났다. 또한 도로교

표 1.2 OECD 주요국별 인구 10만 명당 보행자 사망자 수 통계

주요 국가	10만 명당 보행자 사망자 수 (2013년 기준)
한국	3.947
폴란드	2.958
미국	1.498
일본	1.465
오스트리아	0.982
이탈리아	0.920
스페인	0.809
프랑스	0.730
호주	0.701
독일	0.692
영국	0.632
스웨덴	0.440
네덜란드	0.304
OECD 평균	1.260

출처: OECD 국제도로교통사고통계 'IRTAD'

통 종사자의 치사율이 일반 건설근로자의 치사율보다 8배 높은 것으로 보고되었고 부상사고율 또한 2배 높은 것으로 나타났다(Pegula, 2004).

도로교통 종사자는 도로점용공사장 작업자 외에도 화물차운전자, 노상단속요원, 안전점검요원, 긴급구난요원, 긴급출동요원, 환경미화원 등도 포함한다. 이에 미국 연방교통부는 매년 4월 도로점용공사장 교통사고 예방을 위해 작업자의 안전의식 캠페인('National Work Zone Awareness Week', 약칭 NWZAW)을 시행해오고 있다.

작업자와 달리 야간 보행 교통량은 주간에 비해 상대적으로 적음에도 불구하고 치명적인 보행횡단사고의 대다수는 야간에 발생한다. 교통안전 문제는 사고피해자(작업자, 보행자, 자전거 이용자 등)가 어두운 계열의 의복을 착용하고 이로 인해 운전자가 적시에 인지하지 못하는 것이다. 그렇다면 도로환경에서 작업자, 교통약자의 시인성을 높이는 방안은 무엇인가? 안전의복의 착용을 의무화하는 것이 바람직한가? 또는 경미한 반사재만으로도 안전문제를 해결할 수 있는가? 등등의 궁금증이 생긴다.

우리나라는 보행횡단사고가 전체 교통사고 사망자의 39.1%(2013년 기준)를 차지하고 이러한 수치는 OECD 회원국 중 가장 높은 것으로 후진국형 – 인권이 취약한 – 교통사고 국가라는 오명의 굴레로 작용하고 있다. 보행횡단사고의 대부분은 운전자가 과속 내지는 부적절한 속도[1]로 주행하면서 보행자를 적시에 탐지하지 못하여 발생하며, 특히 야간 시간대 횡단보도 사망사고가 가장 많은 편이다. 다시 말해, 인구 10만 명당 보행횡단 중

---

[1] 속도는 제한속도를 준수할 경우의 적정속도(Appropriate speed), 제한속도를 초과할 경우의 과도한 속도(Excessive speed), 제한속도를 초과하지는 않지만 기상조건(안개, 비고임, 결빙 등), 조도(야간, 조명시설), 보행자 통행량(주거·상업지역), 야생동물 이동통로 등 운행환경의 변화를 고려하지 않은 경우의 부적정 속도(Inappropriate speed)로 분류된다. 과속(Speeding)은 과도한 속도와 부적정 속도를 모두 포함하며, 선진국에서는 부적정 속도도 단속의 대상인 반면, 국내는 부적정 속도에 대한 정의와 기준이 존재하지 않는다. 예컨대 제한속도 80 km/h 구간에서 야간 또는 특별한 기후조건에 80 km/h 운행 중 사고가 나면 부적절한 속도에 기인한 것으로 해석한다. 운전자의 85%가 과속으로 사고를 냈다면 제한속도의 적합성을 검토하여야 하고 운전자의 85%가 부적절한 속도로 사고를 일으켰다면 도로요건이 운전자의 방향 인지 또는 기대심리에 부합하지 않거나 시인성 부족으로 오판을 유도할 가능성을 점검하여야 한다.

사망자 수는 약 4명으로 OECD 평균(1.26명) 대비 3배 이상 격차가 벌어져 있는 실정이고, 인구 10만 명당 자전거 이용 사망자 수는 0.56명으로 OECD 평균(0.391명)에 비해 1.4배 높은 편이다.

　2011년 야간 교통사고 사망자 수(2,795명)는 전체 사망자 수(5,229명)의 53.5%로 야간 교통량 비중(30%) 감안 시 주간 대비 위험도가 3배 높은 것으로 나타났다. 제7차 국가교통안전기본계획(2012년~2016년)에 야간 교통사고 사망자 수를 2010년 2,966명에서 2016년까지 1,500명으로 감축하는 목표를 제시하고 있다. 2014년 교통사고통계를 보면, 주간 보행횡단사고 (715건) 대비 야간 보행횡단사고(1,128건)의 비중이 61%로 나타났고 보행자가 횡단보도를 횡단 중, 차도를 통행 중 또는 길 가장자리구역을 통행 중에 운전자가 이를 인지하지 못한 충돌에 의한 사망사고가 대부분이다.

표 1.3 OECD 주요국별 인구 10만 명당 자전거 이용 사망자 수 비교

주요 국가	10만 명당 자전거 이용 사망자 수 (2013년 기준)
폴란드	0.794
네덜란드	0.667
벨기에	0.654
일본	0.639
오스트리아	0.603
덴마크	0.589
한국	0.560
독일	0.440
이탈리아	0.421
핀란드	0.369
스위스	0.261
미국	0.235
프랑스	0.231
호주	0.216
OECD 평균	0.391

출처: OECD 국제도로교통사고통계 'IRTAD'

표 1.4 주야간 보행자 사망사고 유형

보행자 사고 유형	사망사고 (야간)	사망사고 (주간)
횡단 중	571	312
차도 통행 중	101	45
길가장자리구역 통행 중	42	38
보도 통행 중	24	21
기타	390	299
소계	1,128	715

출처: 경찰청 교통사고통계, 2015

그림 1.1 **야간 보행자와 휠체어의 시인성**

예컨대 법규위반 유형 중 보행자보호의무 위반에 의한 보행횡단사고가 주간에 75건, 야간에 90건 발생하여 야간에 운전자가 보행자 통행에 주의를 덜 하는 것으로 나타났다.

도로폭별 야간사고 현황을 보면, 특히 9 m 미만 주거·상업지역 도로에서 주간 1,670건, 야간 1,521건의 보행자 사망사고가 발생하여 전체 사망사고(4,762건)의 67%가 가장 안전해야 할 보행자 중심의 이면도로에서 가장 많은 보행자가 사망하는 후진국형 사고가 반복되고 있다. 보행자가 주로 활동하는 주거·상업지역 도로에서 야간에 자동차와 충돌하여 사망하는 비율이 전체 사망사고의 25%를 차지하는 것은 기존의 사고예방 접근방식에 새로운 관점(예: 보행자 없는 도로보다 차 없는 도로가 우선되는 도로설계 원칙)이 필요함을 암시한다.

표 1.5 도로폭별 주야간 사망사고

도로폭	사망사고 (야간)	사망사고 (주간)
3 m 미만	164	231
3~6 m	640	717
6~9 m	424	491
9~13 m	293	231
13~20 m	454	339
20 m 이상	422	241

출처: 경찰청 교통사고통계, 2015

계절별 야간사고 현황을 보면, 겨울철(11~2월) 야간 사망사고(820건)의 비중이 여름철(5~8월) 야간 사망사고(741건)에 비해 상대적으로 높은 것으로 나타났다. 반면 자전거사고의 경우 여름철이 겨울철보다 사고위험도가 훨씬 높은 것으로 나타났다.

표 1.6 계절별 주야간 사망사고

계절	사망사고 (야간)	사망사고 (주간)
봄 (3~4월)	393	306
여름 (5~8월)	741	790
가을 (9~10월)	492	423
겨울 (11~2월)	820	797
소계	2,446	2,316

출처: 경찰청 교통사고통계, 2015

표 1.7 계절별 주야간 자전거 이용자 사망사고

계절	사망사고	부상사고
봄 (3~4월)	39	2,763
여름 (5~8월)	108	7,941
가을 (9~10월)	67	3,979
겨울 (11~2월)	73	3,040
소계	287	17,723

출처: 경찰청 교통사고통계, 2015

표 1.8 도로선형별 주야간 사망사고

도로선형	사망사고 (야간)	사망사고 (주간)
커브·곡각	403	455
직선	2,023	1,834
소계	2,426	2,289

출처: 경찰청 교통사고통계, 2015

　도로선형별 주야간 사망사고 현황을 보면, 커브길이나 곡각구간에서의 야간 사망사고가 주간에 비해 높지 않았으나 오히려 직선구간에서 야간에 사망사고의 발생빈도가 주간보다 다소 높은 것으로 나타났다.

　시인성과 안전성은 동전의 앞면과 뒷면의 관계와 같다. 겨울철 야간, 안개, 비 등 날씨 여건에 따라 작업자, 교통약자의 형태를 배경과 구별하는

그림 1.2 국내 야간 환경미화원 의복과 시인성

그림 1.3 국내 대형마트 주차안내요원 의복과 시인성

것이 어려워지고 운전자가 도로이용자를 적시에 인지할 확률은 30% 수준으로 낮아진다.

따라서 도로이용자는 색상이 밝은 의복이나 반사지, 반사테이프(이하 반사재라 함) 등 보조수단을 적극적으로 이용할 필요가 있다. 왜냐하면 운전자는 야간이나 기상 악화 시 어두운 계열의 의복을 착용한 작업자나 보행자를 25 m 거리에서 인지하는 반면, 밝은 색상을 착용한 작업자나 보행자는 40 m 거리에서 인지할 수 있고, 반사재로 제작된 안전의복은 품질에 따라서는 130~140 m 거리에서도 인지될 수 있다.

시속 50 km 주행 중 급제동을 하면 자동차의 제동거리는 28 m에 이를 수 있고 이는 자동차가 상해를 입지 않고 정지하기에 충분하다. 따라서 보행자, 특히 아웃도어 등산객이나 자전거 이용자는 안전을 위해 반사재가 부착된 통합형 신발과 조끼를 착용하는 것이 필수사항이다. 이러한 안전의복은 국제표준 EN ISO 20471(High visibility clothing. Test methods and requirements, 2013) 또는 유럽연합표준 EN 1150(Protective clothing. Visibility clothing for non-professional use. Test methods and requirements, 1999)을 충족하는 반사재가 반드시 사용되어야 한다.

그림 1.4 선진국 도로작업자의 안전의복과 시인성(출처: BGI/GUV-I 8591)

반사재는 모든 방향, 360° 각도에서 착용자를 인지할 수 있도록 배치되어야 하고 안전의복이 없는 경우 손목과 발목 또는 모자에 부착할 수 있는 반사띠(예: Snap Band)로 스스로를 사고위험으로부터 보호할 수 있어야 한다. 안전의복의 유형은 매우 다양하지만 공통된 목표는 착용자를 시인성 조건이 불량하거나 부주의한 상태에서 교통사고로부터 보호하는 것이다. 안전의복은 눈에 잘 띄도록 노랑이나 주황 계열의 색상을 채택하는 것이 보편적이다. 그리고 사용된 반사재의 면적이 클수록 적시에 착용자를 인지할 확률이 높아진다.

1.2 시인성 개선의 국내사례

국내에서도 도로작업자의 작업환경 개선 및 안전도 향상을 위한 기술개발에 관심을 가지기 시작하였다. 한국철도연구원에서 진행한 "도로이용자 교통사고 위험도 경감 기술" 기획 보고서(2013)에 의하면 그 구체적인 방안으로 이동 및 고정 공사[2]에서의 도로작업자 보호용 울타리 개발, 도로 작업장 차량 진입 시 도로 작업자 회피 시스템 개발 등이 있다.

개발된 기술에 대해서는 국토교통부 「도로 공사장 교통관리지침(2012. 9)」를 바탕으로 실시하고 있으나 작업자의 안전 확보를 위한 복장기준이 제시되어 있지 않으며, 작업자를 도로환경의 일부로써 이들을 위한 방호벽 개발에 집중하고 있는데 사람 대신 로봇 신호수(Robot flagger)를 설치하거

---

[2] 한국도로공사가 자체 마련한 「고속도로 공사장 교통관리기준(2003.6)」 매뉴얼에서 이동 공사란 일정한 속도로 이동 또는 일시적 정지와 이동을 반복하는 공사로 정의한다. 작업자동차 전방에 작업보호자동차(싸인보드)를 2대 배치하며, 작업보호자동차와 작업자동차 간 이격거리는 충돌 안전거리(Roll ahead) 기준인 85 m 이상으로 하되, 작업보호자동차 간 거리는 시인성에 따라 300 m를 적용한다. 길어깨, 일방향 2차로 구간은 작업보호자동차 1대를 배치하고 다차로 구간 및 곡선부 등 시인성 불량구간은 2대를 배치한다. 작업보호자동차에는 점멸 차단판 등 교통안전표지와 회전점멸등 등 안전시설을 장착한다. 그러나 유럽연합 및 미국 등 선진국에서는 이동공사를 금지하고 있으며, 환경미화에도 차로를 통제 후 작업하는 단기공사 기준을 적용하고 있다(Minnesota 도로관리청 DOT "Temporary Traffic Control Zone Layouts Field Manual").

나 작업보호자동차에 완충시설을 탑재하는 등이다. 반면, 고용노동부 산하 안전보건공단이 자체 제작한 「건설공사 야간작업 안전지침(2004.10)」 제5 장에서는 근로자의 복장에 대한 기준을 제시하고 있는데, 작업자는 적정한 휘도가 있는 반사재(색상: 은색, 너비: 10 mm 이상)를 부착한 야광반사조끼 를 착용하도록 권고하고 있으나 국제기준을 충족하지는 않는다. 도시철도 공사가 자체적으로 마련한 「건설공사장 현장 근무자 배치기준 및 근무요 령(2012.7)」에는 신호수 및 교통정리원의 복장은 밝고 시인성이 높은 상·하의 형광주황색, X반도 안전조끼를 착용하도록 권장하고 있으나 이 또한 국제기준에는 부합하지 않는다.

그러나 유럽의 노변안전(Roadside safety)을 위한 RISER(Roadside Infrastructure for Safer European Roads, 2005) 프로젝트에서는 도로변 안전을 확보하는 방법을 거론하면서 "장애물에 대한 시인성 확보"를 제시하고 있다. 이는 핀란드, 프랑스, 독일, 영국, 네덜란드, 스페인 등에서 채택하고 있는 방법이다. 또한 미국의 교통연구위원회 TRB(Transportation Research Board) 보고서에서도 보행자 사고 감소전략을 제시하면서 차량과 보행자의 시인성 개선을 중점적으로 제시하고 있다(예: Tyrrell et al. 2003, 2006). 이와 같이 도로환경에서 도로작업자를 포함한 보행자의 사고감소 방안으로 기존의 다양한 시설물을 개선하는 방안에서 도로이용자의 시인성 개선으로 옮겨가고 있다.

도로 노면환경에서의 시인성과 사고발생간의 상관관계를 살펴보면, Smadi (2008)는 다차로 고속도로와 2차로 도로 모두 중앙선 측선의 노면표시 재귀반사율이 높아질수록 교통사고가 감소하는 것으로 보고하였다. 또한 Donnell(2009)는 다차로 고속도로에서 가장자리선의 시인성을 개선할 경우, 재귀반사율 50 mcd/lx m^2 개선 시마다 사고율이 약 18%씩 감소하는 것으로 추정하여 보고하였다.

국내 교통노면표시 설치·관리 매뉴얼(2012)에 의하면 도로 시공 시 노면표지 반사성능 최소 기준이 백색 차선의 경우 240 mcd, 황색 150 mcd, 청색

80 mcd이고, 그 값이 백색 차선 100 mcd, 황색 70 mcd 이하일 때는 재도색을 하도록 권장하고 있다. 2014년 1월 황색선 반사율 기준을 90 mcd에서 150 mcd로 2배 가까이 높인 이후에도 교통사고 상황은 개선되지 않고 있는데, 선진국의 기준(200~300 mcd)과 비교하면 더 강화될 필요성이 있다. 예를 들면, 2010~2014년 서울특별시 6개 도로사업소(시도)와 25개 도로관리청(구도)이 시행한 차선 도색 공사 132건 중 64%에 달하는 84건에서 규격 미달 도료가 사용되었다. 이는 특수도료와 일반도료의 재료비 차이를 고려하여 5대 5, 6대 4 등의 비율로 섞어 시공하는 관행에서 비롯된 것으로, 도로 시공업체 대부분이 아파트 외벽 도장 전문업체이고 도로시설 특수도료 기술개발 경험이 부재한 것과 관련이 있다(중앙일보, 2015년 8월 15일자).

2004년 국내에 반사번호판이 도입된 이후 차량 번호판의 시인성과 사고율 감소에 대한 연구는 아직 보고되지 않았지만, 국외의 감소 사례를 살펴보면 미국 미네소타주 도로관리청(DOT)은 1956년에 전면 반사화를 시작하였으며, 1956년과 1957년 전후의 사고 분석을 통해 야간에 치명적인 주차차량의 사고가 현저히 감소되었다고 보고하고 있다. 1999년 뉴질랜드 교통부도 반사 및 비반사 번호판을 주·야간으로 분리하여 분석한 결과, 반사 번호판 도입 이후로 야간 주차 추돌사고가 약 30% 감소하였다고 보고하였다.

표 1.9 국내 노면표시 설치·관리 기준

구 분	최소재귀반사성능 (mcd)*			비 고
	백 색	황 색	청 색	
설치 시	240*	150	80	기준
재도색 시기	100	70	40	권장
우천(습윤) 시	100	70	40	권장

* cd: 1candela는 1 m²에 양초 1개를 켜놓은 밝기
설치 시는 노면표시 설치 후 일주일 후부터 준공시점까지로 본다.
재도색 시기는 반사성능값이 기준치 이하일 때 재도색 시점으로 본다.
KS M 6080에서 제시하는 성능이상의 제품 사용을 원칙으로 한다.

출처: 경찰청, 교통노면표시·설치 매뉴얼, 2012년 기준

시인성 개선에 대한 국내의 사례를 살펴보면, 현재 보행자 교통사고 시간대가 주간보다 야간시간(64.1%)에 많이 발생하는 점에 착안하여 횡단보도 집중조명시설 확대 설치, LED 발광형 점자보도블록(안전보행 조명장치)을 설치하여 보행자 교통사고율을 감소시키고자 노력하고 있다(김영호 외, 2006). 이는 횡단보도의 보행신호기와 연계해 야간 시인성을 동시에 향상시키는 것으로 운전자에게는 야간 시인성 확보, 정지거리 확보가 가능하고, 보행자에게도 야간 시인성 확보는 물론 심리적 정지선으로 작용하게 하는 목적으로 사용 가능하다.

지속가능하고 안전한 교통이라는 정책이념에 따른 교통안전 규제정책이 부분적으로 강화되어 제한속도 하향, 주간 음주단속, 뒷좌석 안전벨트 착용 의무화 등 법규위반 행태에 대한 규제강화의 효과에 대해 운전자 및 도로 이용자가 직접 체감하고 있다. 이와 같이 고시인성 안전의복 확보로 인한 사고율의 감소효과를 도로작업자 및 운전자가 직접 체감하기에는 많은 시간이 소요될 것이다.

그림 1.5 야간, 차량의 미등 점등에서 기존 번호판(좌)과 반사 번호판(우)
(출처: 자동차번호판에 대한 공청회자료, 2001)

참고문헌

1 김영호, 조성희, (2006), 국도상 횡단보도 조명시설 설치 기본계획 수립 연구, 한국교통연구원 보고서.

2 김홍상, (2001), 자동차 번호판 시인성 향상방안, 자동차 번호판에 대한 공청회 자료.

3 국토교통부, (2013), 교통사고 및 사망자 최소화를 위한 사고 없는 안전교통 로드맵 수립 – 도로이용자 교통사고 위험도 경감 기술개발 기획보고서.

4 국토교통부, (2012), 도로 공사장 교통관리 지침.

5 국토교통부, (2011), 제7차 국가교통안전기본계획.

6 경찰청, (2012), 교통노면표시 설치·관리 매뉴얼.

7 경찰청, (2014~2015), 교통사고통계.

8 도시철도공사, (2012), 건설공사장 현장 근무자 배치기준 및 근무요령.

9 안전보건공단, (2004), 건설공사 야간작업 안전지침.

10 중앙일보, (2015), 경부고속도로 서울~대전 구간에서의 야간에 잘 보이는 차선과 잘 보이지 않는 차선, 2015년 8월 15일자.

11 한국도로공사, (2003), 고속도로 공사장 교통관리기준.

12 EN 1150, (1999), Protective clothing. Visibility clothing for nonprofessional use-Test methods and requirements.

13 EU, (2006), Roadside Infrastructure for Safer European Roads (RISER), Final Report.

14 EN ISO 20471, (2013), High visibility clothing-Test methods and requirements.

15 Donnell, E. T., Karwa, V., Sathyanarayanan, S., (2009), Analysis of Effect of Pavement Marking Retroreflectivity on Traffic Crash Frequency on Highways in North Carolina, Transportation Research Record(2103), pp. 50-60.

16 Pegula, S., (2004), Fatal occupational injuries at road construction sites, Monthly Labor Review.

17 Smadi, O., Souleyrette, R. R., Ormand, D. J., Hawkins, N., (2008), Pavement Marking Retroreflectivity Analysis of Safety Effectiveness, Transportation Research Record(2056), pp. 17-24.

18 Tyrrell, R. A., Wood, J. M., Carberry, T. P., (2003), On-Road Measures of Pedestrians' Estimates of Their Own Nighttime Visibility: Effects of Clothing, Beam, and Age, Annual Meeting of the Transportation Research Board.

19 Balk, S. A., Carpenter, T. L., Brooks, J. O., Tyrrell, R. A., (2006), Pedestrian Conspicuity at Night: How Much Biological Motion Is Enough?, Annual Meeting of the Transportation Research Board.

인터넷 및 사이트

1 http://cfile224.uf.daum.net/image/212D333655DF14A325E114
   (LED 발광형 점자보도블럭과 보행신호 연계작동)

2 http://stats.oecd.org
   (OECD International Road and Traffic Accident Database 국제도로교통사고 데이터베이스)

3 http://pubsindex.trb.org
   (미국 교통연구위원회 TRB 보고서)

4 http://www.bls.gov/opub/mlr/2013/article/an-analysis-of-fatal-occupational-injuries-at-road-construction-sites-2003-2010.htm
   (미국 노동통계청의 교통사고통계)

5 http://www.safetyequipment.org
   (미국 ISEA 홈페이지)

CHAPTER 2

교통안전을 위한
안전의복

2.1 국외법규와 안전의복[3]

이탈리아는 2003년 Safety Pocket 법령인 제151/03호 7.31이 의회를 통과하여 2004년 1월 1일부터 모든 차량은 야광조끼를 의무적으로 비치하여야 하고, 자동차사고 시 차량을 세우고 야광조끼를 착용하지 않으면 벌금 33.6 유로를 부과하고 있다. 프랑스는 2008년 음주운전과의 전쟁을 선포하고 국무총리가 음주운전방지대책을 발표하면서 그해 7월 1일부터 차량 내 야광조끼와 삼각대 구비를 의무화하였다. 2015년 5월 10일자로 프랑스 교통부는 도로교통법 R416-19를 개정하면서 그 대상을 오토바이 운전자에게 까지 확대하여 2016년 1월 1일부터 시행하게 되었다.

프랑스 노동법(Code du Travail) L4121-1에는 사용자는 근로자의 육체, 정신적 건강을 보호하고 안전을 위하여 필요한 조치를 취할 것을 규정하고 있다. L4121-2에는 위험방지에 관한 일반원칙을 정하고, L4121-3에는 근로자의 건강과 안전에 관한 위험가능성을 평가할 것을 규정하고 위험방지를 위한 적절한 조치를 취하도록 하고 있다. 이에 따른 조치의 일환으로 동법 R4121-1에서 위험성 평가서(le Document Unique d'Evaluation des Risques 혹은 줄여서 LE Document Unique; DUER 혹은 DU) 작성을 강제하고 있는데 모든 사용자는 근로자의 활동에 따른 위험을 적시하여야 한다. 이 평가서에는 위험의 성질과 종류, 그 예방책을 포함해야 한다. 사용자는 이러한 위험을 제거하거나 줄일 의무가 있다. 이에 따른 조치의 하나인 개인보호장비(Un équipement de protection individuelle, EPI)의 장착은 이런 예방수단의 하나이다. 개인보호장비의 예로 고시인성 조끼(vêtements haute visibilité)가 있다. 2등급 개인보호장비(EPI lvl2)에 대해서, 야광조끼는 EU지침에 따른 CE마크가 있어야 하며, 판매에 앞서 반사면적의 크기, 색상, 사용여부에 관한 성능테스트를 통과하여야 한다.

---

3 국제적으로 안전의복은 Personal Protection Equipments 범주에 포함되어 있고 영문표기는 Warning Clothes, Warning Garments, Safety Apparels 등 다양하나 ISO는 Warning Clothing을 공식적인 명칭으로 사용하고 있음. 본래의 의미를 고려하면 경고의복으로 번역하는 것이 타당하나 사용자의 관점에서 의미의 전달력과 어휘의 친숙성을 고려하여 안전의복으로 번역하였다.

표 2.1 고시인성 야광조끼의 직업적 사용의 조건

	직업적 사용 여부	요구 기능
NF EN471	직업적 사용 DDE 안전장비	형광직물과 재귀반사재 조합에 의한 주야간의 표식
NF EN1150	비직업적 사용 대중 착용의복	형광직물과 재귀반사재 조합에 의한 주야간의 표식
NF EN13356	비직업적 사용 대중표식도구: 완장, 안전띠	재귀반사재의 사용에 의한 이용자의 표식

출처: Les vetements de protection ; Choix et utilisation, ed995, Inrs, pp. 19-20

사용자는 야광조끼 구매에 앞서 다음 사항을 살펴야 하는데,

- 조끼의 바탕직물은 형광이어야 하고 색상은 노랑, 분홍, 빨강, 연두, 주황이다.
- EN471 혹은 EN1150에 관한 CE마크가 부착되어야 한다.
- 유지, 보수에 관한 표식이 있어야 한다.
- 사용방법, 세탁방법, 보관방법, 유통기한이 표시되어야 한다.

직업적 사용에 관해서는 EN 471, 그렇지 않은 경우에는 EN 1150, EN 13356이 적용된다.

일본의 경우는 1972년 제정된 노동안전위생법에 준한 근로자의 인간존중이라는 기본적인 이념에 기초하여 직장에서 근로자가 안전과 건강을 확보하는 것, 쾌적한 작업환경 형성을 촉진하는 것을 목적으로 하고 있다. 노동안전위생규칙(1972, 노동부령제32호, 부령)은 통칙, 안전기준, 위생기준 및 특별 규제의 4편으로 이루어져 있다. 제3편 위생기준은 유해한 작업환경, 보호구, 공기용적 및 환기 등 위생기준 일반에 대해서 규정하고 있다. 작업복에 관해서는 노동안전위생법과 안전관리에 따르고 복장 및 보호구에 대한 조항에서는 다음과 같은 점검사항으로만 제시하고 있다.

- 작업자의 복장은 적당한가?

- 보호모의 착용은 적당한가?
- 안전대의 착용 및 사용은 적당한가?
- 작업에 적합한 보호구를 사용하고 있는가?
- 보호구의 수가 작업자 수만큼 충분히 구비되어 있는가?
- 보호구는 충분히 제 역할이 가능하도록 보수정비 되어있는가?

작업복에 관한 일본규격으로는 JIS T 8118가 있는데 이는 정전기대전방지 작업복의 정전기대전에 의해 발생하는 재해, 장해를 방지하기 위하여 바탕직물에 정전방지 직편물을 사용하여 봉제한 정전기대전방지 작업복에 대한 규격이다. 정전기방지 작업복의 성능은 기준시험에 의해 1벌당 대전 전하량이 0.6 μC 이하여야 한다.

일본 건설업의 경우도 2014년 1월부터 6월까지의 전년도 동일기간과 비교한 사상자수, 사망자 수가 모두 증가하여 건설업의 사망재해율은 전년보다 28.2% 증가하였다. 이에 일본은 재해 발생 요인을 인적요인, 기계요인, 환경요인, 관리요인의 4가지로 정리하고 있다. 특히 환경요인에는 작업정보의 부적절, 작업동작의 결함, 작업방법의 부적절, 작업공간의 불량, 작업환경의 불량이 속하며 작업환경의 불량에는 작업복을 포함한 보호구, 방호장치의 미착용이 포함된다.

일본도 우리나라와 유사하게 교통사고 사망자 수는 최근 20년 동안 절반가량 감소하였지만 도로 위 작업자의 차량사고는 매년 1,000건을 넘고 있고, 주간과 비교하여 작업자수가 압도적으로 적은 야간에서의 사고 수는 전체의 4할을 차지하고 있다. 여러 원인을 거론할 수 있으나 그중 하나가

표 2.2 일본 건설업 관련 노동재해 발생 현황

구 분	사상재해			사망재해		
	2014	2013	전년대비	2014	2013	전년대비
전체산업	47,288	45,663	3.6% 증가	437	366	19.4% 증가
건설업	6,922	6,653	4.0% 증가	159	124	28.2% 증가

출처: 일본 후생노동청, 2014

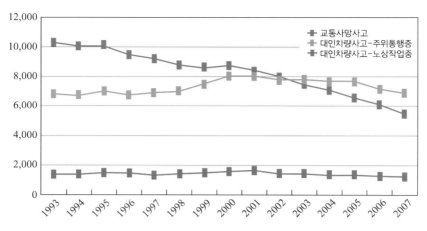

그림 2.1 과거 15년간의 교통사고 추이
(출처: 일본 교통사고종합분석센터)

「안전을 의식한 작업복이 적다」이다. 일본은 미국, 중국에 이어 자동차 대국이면서도 고시인성 안전의복의 국가규격은 2015년 10월에 처음 제정되었다.

최근 일본 경찰청의 보고(2012)에 의하면 2011년 동일본지진 직후, 약 20,200곳의 신호기가 정전에 의해 작동되지 않았고 이러한 상황에서 보행자, 도로작업자의 안전을 지키기 위해 국제기준에 준하는 고시인성 작업복 보급의 필요성이 대두되었다. 또한 2020년 동경올림픽 개최를 준비하면서 고시인성 안전의복에 다시 주목하고 있다. 이에 (공사)일본 보안용품협회 주도하에 일본 방호복연구회에서 일본 내 대책 준비위원회를 발족하여, 매년 개최되고 있는 ISO회의에 출석하고 일본대표로 의견을 제시, 타국가의 의견을 심사하고 있다. 그리고 2013년 3월 국제규격 ISO 20471이 발효된 직후 5월에는 JAVISA을 설립하여 7월부터는 ISO 20471의 JIS화를 준비하며 안전의복의 필요성에 대해 주지시키고 있다. 이외에도 JAVISA의 활동 내용은 안전의복의 개발연구, 설계에 관계되는 안전성 확보이다. 시인성이 높은 직물의 휘도, 재귀반사 소재의 성능, 무엇보다 중요한 형광색 직물,

재귀반사성의 면적 계산 등을 정확하게 제조자 및 착용자에게 이해시키는 것이다. 또한 공공성이 높은 작업장에서도 특히 안전의복의 착용이 필요하다고 의견을 제시하고 있다. 그러나 모든 공공영역 작업자가 동일한 안전의복을 착용하면 오히려 혼잡성을 야기할 수도 있으나, 고시인성에 의한 안전의식이 정착되어 2015년 10월 26일자로 일본 국가규격 JIS T 8127(고시인성 안전의복)이 제정되었다. 이는 일본 방호복연구회, 일본 보안용품협회, 일본 고시인성안전복연구회, 일본 규격협회가 협업하여 EN ISO 20471을 기반으로 일부 시험 방법 등을 추가 변경한 규격이며, 쓰레기 수거 노동자, 교통 유도원, 공사장 작업자 등 주로 거리에서 착용자의 존재를 두드러지게 하는 것을 목적으로 안전의복을 규정하고 있다(예: 형광직물이 니트의 경우 파열강도를 270 kPa로 상향하여 정하였다). 이를 위해 JIS T 8127 규정 설명회가 2015년 12월 3일 개최되었다.

2.2　국내법규와 안전의복

국내 산업안전보건법의 목적은 산업재해를 예방하고 쾌적한 작업환경을 조성하여 근로자의 안전과 보건 유지이다. 전체 산업 재해자(2015년)는 서

표 2.3 국내 산업재해의 업종별 추이

구 분		2008	2009	2010	2011	2012	2013	2014	2015
재해율	전체업종	0.71	0.70	0.69	0.65	0.59	0.59	0.53	0.50
	제조업	1.15	1.04	1.07	0.97	0.84	0.78	0.72	0.65
	건설업	0.64	0.65	0.70	0.74	0.84	0.92	0.73	0.75
	서비스업	0.53	0.56	0.53	0.47	0.40	0.41	0.37	0.34
	기타	0.62	0.67	0.59	0.55	0.49	0.47	0.40	0.37

* 재해율(%) = (재해자수 ÷ 근로자수) × 100
출처: 산업재해현황, 2016

표 2.4 최근 5년간 작업구간과 전체 고속도로 치사율 비교(단위: 건, 명)

구 분	사고건수	사망자 수	치사율
작업구간	212	79	37%
고속도로 전체	12,499	1,478	12%

출처: http://dailydgnews.tistory.com/991

비스업(33.0%), 제조업(30.0%), 건설업(27.9%)에 집중되고, 특히 건설업 재해율 추이는 0.64%(2008) → 0.92%(2013) → 0.75%(2015)로 급격하게 증가 후 예년 수준을 유지하고 있어 좀처럼 감소경향이 보이지 않고 있다.

선진국과 달리 우리나라는 도로 공사장 작업자의 교통사고 데이터가 축적되어 있지 못한 형편이다. 최근에 최초로 한국도로공사가 고속도로 공사장 작업자의 교통사고를 조사하여 통계를 발표한 바 있다. 5년간 고속도로 작업구간 사고건수가 감소 추세에 있으나, 치사율은 37%를 기록해 고속도로 전체 사고 치사율 12%에 비해 현저히 높은 것으로 보고되었다(데일리 대구경북뉴스, 2016년 1월 7일자).

고속도로 작업구간 사고유형 가운데 과속주시태만에 의한 사고 시 치사율이 높은 것으로 나타났다. 이에 한국도로공사는 급감속으로 인한 사고를 예방하기 위해 작업구간 전방 1.4 km 거리에는 제한최고속도 80 km/h 표지판을, 800 m 거리에는 제한최고속도 60 km/h 표지판을 설치할 예정이다.

▎노면절삭 작업 전경　　　▎노면글루밍 작업 전경　　　▎배수홈 절삭 작업 전경

그림 2.2 국내 도로작업의 예
(출처: 도로 공사장 교통관리 지침, 2012)

표 2.5 국내 산업재해의 유형별 실태조사 결과

산업 \ 불안전한 행동	총 계	설비·기계 및 물질의 부적절한 사용·관리	구조물 등 그 밖의 위험 방치 및 미확인	작업수행 소홀 및 절차 미준수
총계 (명)	1,154	175	214	297
제조업 (명)	318	98	35	107
건설업 (명)	500	49	149	131
가로 구성비 (%)				
총계	100.0	15.2	18.5	25.7
제조업	100.0	30.8	11.0	33.6
건설업	100.0	9.8	29.8	26.2
세로 구성비 (%)				
총계	100.0	100.0	100.0	100.0
제조업	27.6	56.0	16.4	36.0
건설업	43.3	28.0	69.6	44.1

산업 \ 불안전한 행동	불안전한 작업자세	작업 수행 중 과실	무모한 또는 불필요한 행위 및 동작	복장, 보호장비 부적절한 사용	기타
총계 (명)	0	222	42	167	27
제조업 (명)	0	42	5	20	8
건설업 (명)	0	30	11	121	7
가로 구성비 (%)					
총계	0.0	19.2	3.6	14.5	2.3
제조업	0.0	13.2	1.6	6.3	2.5
건설업	0.0	6.0	2.2	**24.2**	1.4
세로 구성비 (%)					
총계	100.0	100.0	100.0	100.0	100.0
제조업	0.0	18.9	11.9	12.0	29.6
건설업	0.0	13.5	26.2	**72.5**	25.9

출처: 건설 등 산업현장 사고발생 유형별 사례, 2013년 2월 권익위 실태조사

국토교통부 '도로 공사장 교통관리 지침(2012.9)'에 의하면 도로작업자들은 일상적 도로관리업무에 차선제거기, 노면청소, 낙하물 수거 등 다양한 중장비 장비를 사용하는데, 국내의 경우 유료도로를 관리하는 한국도로공사에서 일상적 도로관리업무에 다양한 장비를 사용하고 있다.

건설 등 산업현장 사고 발생 유형별 사례를 보면 복장, 개인보호장비의 부적절한 사용에 의한 사망자 중 30인 미만 규모에서 73.1%가 발생하고, 업무상 사망자 중에 비계 등 가설 구조물에서의 추락이 35.8%로 가장 큰 비중을 차지하고 있다. 특히 건설업 전체 사망자 중 24.2%가 안전모 등 개인보호장비 미착용으로 사망사고가 발생하고 있다. 그러나 국내 건설현장 관련 복장을 규제하는 법은 존재하지 않는다.

2006년부터 시행되고 있는 산업안전보건법에서는 건설현장에서 안전모, 안전대, 안전화를 의무적으로 착용하게 하고 있다. 특히 부두를 출입하는 모든 근로자에게 반드시 안전복장과 보호구 착용(산업안전보건법 제6조)을 의무화하고 있다. 그리고 최근 국내에서도 고시인성 안전의복 착용이 필요한 직업에 대해서는 의복을 지급하는 법적의무가 생기게 되었다.

먼저, 광산보안법 시행규칙[시행 2015. 1. 1, 산업통상자원부령 제106호, 2014. 12. 31, 일부개정] 중 제165조 제1호에 야광표시를 한 작업복에 대한 규정이 있다. 다시 말해 "시계가 불량한 작업장에 종사하는 광산근로자는 야광표시를 한 작업복을 착용하여 식별이 쉽도록 할 것"이라는 사항을 준수하여야 한다. 다음으로, 경찰공무원 급여품 및 대여품 규칙 [시행 2014. 11.19, 행정자치부령 제2호, 2014.11.19, 일부개정] 제3조와 관련하여 경찰공무원 대여품 지급 기준표 품목의 장구류에는 '야광조끼'가 명시되어 있다. 마지막으로 고용노동부 고시 제2015-28호 「보호구 자율안전확인 고시(개정 2015. 6. 8)」 또는 고시 제2015-84호 「의무안전인증 대상 기계·기구 등이 아닌 기계·기구 등의 안전인증 규정(개정 2015. 12. 30)」에 따른 세부 기술기준으로 "반사안전조끼" 부속서 24로 개정하여 실시하고 있다.

따라서 국내에서도 국제표준에 부합하는 안전의복을 업종별로 구분하고 제작기준을 마련하여 이를 도로법, 운수사업법, 교통안전법, 산업안전법, 산업보건안전법 등에 명시할 필요가 있다. 예컨대 독일 사고보험공단의 GUV-R 2106은 긴급구난업무 종사자의 안전의복을, GUV-I 8675는 소방업무 종사자의 투입을 위한 위험성 평가에 의거한 안전의복의 선택방법 등 직무특성을 고려한 차별화된 안전의복 지침을 제공하고 있다.

보행자, 자전거, 휠체어, 개인이동수단(PMD)[4] 이용자 등 도로이용자 계층별 도로사고, 안전의복의 개념, 낙상 시 의복·가방·헬멧·수단의 시인성 문제와 향상방안, 업종별 안전의복과 사고예방규정(예: BGI/GUV-I 8591), 안전의복에 대한 국제조화규정(예: PSA 89/686/EWG)과의 기준조화, 작업자 및 교통약자 유형에 적합한 안전의복의 디자인과 소재, 안전의복 제작기준(예: EN 1150), 국제표준 고품질 안전의복 기준(EN ISO 20471)과의 조화, 조도조건별 안전의복의 대비효과, 차량의 주행빔과 안전의복의 시인성, 안전의복에 대한 운전자 유형별 인지반응속도, 도시부 및 지방부 도로에서 안전의복 시인성, 기후조건별 안전의복 시인성 등 안전의복 설계 및 사용기준을 개발하고 상용화하기 위한 중장기 로드맵을 마련할 필요가 있다.

---

4   개인이동수단(Personal Mobility Device, 약칭 PMD)은 전기자전거(e-bike), 세그웨이(Segway), 전동스쿠터(e-scooter) 등을 말하며, 개인이동차량(Personal Mobility Vehicle, 약칭 PMV)은 전동휠체어, 경전기차(LEV) 등을 통칭하는 표현이다. PMD와 PMV를 합쳐서 개인도시교통수단(Personal Urban Mobility and Accessibility, 약칭 PUMA)으로 부른다. 국토교통부는 PMV 표준을 승인하고 있으나 LEV를 자동차분류체계에 포함하지 않고 있으며, 차도공용 허용 내지는 신규인프라 구축은 가야할 길이 먼 상태이다.

참고문헌

1 고용노동부령, (2015), 제2015-28호 보호구 자율안전확인 고시.

2 고용노동부령, (2015), 제2015-84호 의무안전인증 대상 기계·기구 등이 아닌 기계·기구 등의 안전 인증 규정.

3 국가권익위원회, (2013), 국가권익위원회 실태조사 – 건설 등 산업현장 사고 발생 유형별 사례.

4 국토교통부, (2012), 도로 공사장 교통관리 지침.

5 산업안전보건법, (2006), 제6조: 건설현장 안전관리 가이드.

6 산업재해분석, (2012), 안전보건안전공단.

7 산업통상자원부령, (2014), 제106호 광산보안법 시행규칙.

8 안전품질표시기준, (2015), 반사안전조끼 부속서 24, 2015년 12월 30일 개정.

9 일본노동안전위생법 노동안전위생규칙, (1972), 노동부령 제32호.

10 일본후생노동청, (2014), 일본건설업 관련 노동재해 발생 현황 보고서.

11 프랑스 도로교통법, (2015), R416-19.

12 프랑스 노동법, (2004), Code du Travail L4121-1∼3.

13 행정자치부령 제2호 경찰공무원 급여품 및 대여품 규칙, (2015).

14 BGI/GUV-I 8591, (2010), Warnkleidung, DGUV(독일사고보험공단 고시인 성 안전의복에 대한 매뉴얼).

15 EN 1150, (1999), Protective clothing. Visibility clothing for non-professional use-Test methods and requirements.

16 EN 13356, (2001), Warn-Zubehör für den nichtprofessionellen Bereich-Prüfverfahren und Anforderungen(유럽연합 일반의복 경고부속품 시험평가 지침).

17 EN 471, (1994), High-Visibility Warning Clothing, European Committee for Standardization.

18 EN ISO 20471, (2013), High visibility clothing-Test methods and requirements.

19 JIS T 8118, (2001), Working wears for preventing electrostatic hazards.

20 JIS T 8127, (2015), High visibility warning clothing.

21 PSA 89/686/EWG, (1989), Richtlinie zur Angleichung der Rechtsvorschriften der Mitgliedstaaten fur personliche Schutzausrustungen(유럽연합 회원국의 개인보호장비 규정의 국제조화를 위한 지침).

22 Safety pocket, (2003), 제151/03호 7.31.

인터넷 및 사이트

1 http://dailydgnews.tistory.com/991
   (고속도로 작업구간 제한최고속도 '16.01.7)
2 http://ec.europa.eu/enterprise/policies/european-standards/harmonised-
   standards/index_en.htm
   (안전의복에 대한 국제조화 규정관련)
3 http://www.itarda.or.jp
   (일본 교통사고종합분석센터)
4 http://www.npa.go.jp/archive/keibi/syouten
   (일본 경찰청의 보고)

2.3 안전의복의 착용 및 설계기준

● 유럽연합의 안전의복 표준

위험한 교통환경에서 도로변 작업자 및 보행자의 안전은 운전자의 눈에 잘 띄는 안전의복(Highly visible warning clothing)을 통해 확보할 수 있다. 유럽연합은 2008년 EN 471 제정을 통해 간과될 수 있는 위험이 상존하는 모든 유형의 위험상황에 보편적으로 적용될 수 있는 고시인성 안전의복의 기준을 마련하였다. 유럽연합은 2013년 7월에 기존의 EN 471을 대체한 새로운 안전의복 표준 EN ISO 20471을 독일, 영국, 덴마크, 일본, 핀란드, 노르웨이, 스페인, 이탈리아, 스웨덴, 미국이 참여하여 공표하였는데, 이는 특히 도로점용공사장이나 운영도로의 위험지대에서 근무하는 작업자의 안전을 강화하기 위해 만들어진 기준으로 주간과 야간의 다양한 조명조건에서 착용자가 잘 인지될 수 있도록 권고하고 있다.

교통영역 종사자는 위험도가 높은 작업환경에 노출되어 있기 때문에 국제표준에 부합하는 고시인성 안전의복을 착용하여야 하고, 이를 통해 원거리에서도 운전자가 작업자를 적시에 인지할 수 있어야 한다. 안전의복은 작업복(Dungaree), 조끼, 셔츠, 재킷 등을 조합한 개념이다.

EN ISO 20471의 내용은 다음과 같다.

> 1 적용범위
> 2 인용규격
> 3 용어 및 정의
> 4 디자인
>   4.1 유형 및 등급
>   4.2 구체적 디자인에 대한 요구사항
>   4.3 사이즈 표시

EN 471과 비교하여 달라진 사항은 다음과 같다.

멜빵(Harness)
(보호등급 인증 불가)

그림 2.3 안전의복 부적합 제품 (출처: 버지니아 DOT)

- 규격의 제목이 간략화되어 대상자가 넓게 해석되었다.
- 반소매가 인정되었다.
- 등급의 산출이 단품조합의 앙상블 착용상태에서도 가능하게 되었다.
- 멜빵(Harness) 아이템은 보호등급 인증 불가대상으로 지정되었다.
- 제조사 로고 프린트 및 자수부분은 요구사항으로 정해진 재귀반사재 면적에서 제외하였다.

다시 말해 EN ISO 20471에 의하면 재킷, 셔츠, T-셔츠 등 상의가 보호등급-3을 받기 위해서는 재귀반사재 띠가 있는 소매가 있어야 하는데, 이는 몸통과 팔을 커버하는 안전의복으로 소매가 몸통의 재귀반사재 띠를 가릴 경우를 대비하기 위한 요구사항이다. 다시 말해, 소매가 몸통을 가려서 몸통의 가로 반사재 띠의 시인성을 떨어뜨릴 경우, 소매에는 5 cm 간격으로 2개의 반사재 띠가 반드시 배치되어야 한다. 소매부분이 분리되는 재킷의 경우 소매는 반드시 형광직물 내지는 재귀반사재 띠의 배치를 고려하여야 한다. 이와 같은 관점에서 소매가 없는 상의는 보호등급-3을 받을 수 없다. 상의나 하의를 분리하여 착용한 경우보다 상하의가 결합되면 보호등급이 높아진다. 즉, 높은 보호등급을 받으려면 야광조끼와 작업바지는 독립적으로 인증될 수 없고 야광조끼와 일반 노동복은 개별적으로 보호등급-3을 인증받을 수 없다.

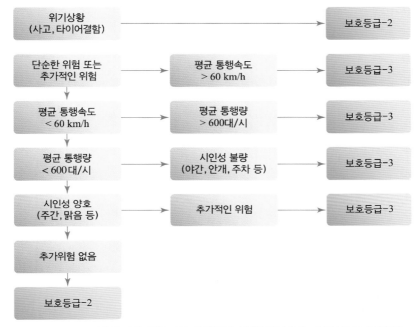

그림 2.4 도로점용공사장 작업자의 안전의복 선정절차(출처: BGI/GUV-I 8591)

EN ISO 20471은 위험구역 내 차량의 이동속도와 위험발생의 빈도를 토대로 안전의복을 3단계 보호등급으로 구분한다. 도로교통 종사자의 위험요인은 도로교통 차량의 특성(승용차, 화물차, 버스 등), 평균 통행속도(도시부, 지방부 구분), 교통밀도(시간당 통행량), 자연환경 조건(야간, 안개, 스모그 등), 작업환경 조건(도로점용공사장 등), 작업 자세 등의 위험요인의 특성을 고려하여 보호등급별 안전의복을 선택하도록 권고하고 있다.

도로점용공사장 등 작업환경이 아래와 같은 위험조건에 해당하는 경우에는 보호등급-3 기준을 충족하는 안전의복을 착용하여야 한다.

- 시인성 조건이 불량하거나
- 평균 통행속도가 시속 60 km를 초과하거나
- 시간당 600대 이상의 차량이 통과하거나

- 통행차량과 불과 1~2 m 근접거리에서 작업하거나
- 1차로 이상의 차도를 횡단하거나
- 야간작업을 수행하거나
- 응급구조를 하거나
- 안전의복의 일부가 작업 자세에 따라 가려지거나
- 불안전한 작업장과 보호된 작업장을 자주 변경하거나
- 보호되지 않는 도로점용공사장에서 설치에 필요한 작업을 수행하거나
- 도로점용공사장 작업자, 도로환경 미화원, 배관공사 작업자, 도로안전 진단·점검자, 응급구조사, 야간 신호수 등

그림 2.5 국내 도로점용공사장 작업자의 착용의복

그림 2.6 교통선진국 도로점용공사장 작업자의 안전의복(출처: www.suva.ch)

그림 2.7 국내 도로점용공사장 작업자 착용의복의 상이성

(계속)

그림 2.8 국내 도로시설 유지보수작업자의 착용의복의 상이성

그림 2.9 교통 선진국 도로환경미화원 안전의복과 시인성 (출처 : BGI/GUV-I 859, 저자 촬영)

그림 2.10 국내 도로환경미화원 착용의복의 상이성

보호등급-3 안전의복은 몸통을 형광직물로 커버하고 팔과 다리에 최소 5 cm 너비의 재귀반사재 띠가 있어야 한다. 3단계 보호등급 중에서 형광직물과 반사재 면적이 가장 넓어서 안전도가 가장 높은 제품이다. 대표적인 의복 유형은 가슴받이가 달린 긴소매 작업복(Overall), 긴소매가 달린 재킷이다. 가슴받이가 없는 작업복은 긴소매가 달린 재킷과 함께 착용한 경우, 긴소매 재킷과 바지를 입은 경우에 해당된다.

도로교통 환경에서 보호등급-2 기준을 충족하는 안전의복은 다음과 같은 위험요인이 존재하는 경우에 착용하여야 한다.

- 시인성 조건이 충분하거나
- 시간당 600대 미만의 차량이 통과하거나
- 평균 통행속도가 시속 60 km 미만이거나
- 안전기준을 충족하는 도로점용공사장에서 작업을 수행하거나
- 차량 타이어가 터진 경우

보호등급-2 안전의복은 시인성이 중간등급인 제품으로 대표적인 의복 유형은 야광조끼, 가슴받이가 없는 작업복(Dungaree), 티셔츠 등이며, 야광조끼는 상체와 어깨에 5 cm 너비의 재귀반사재 띠 2개를 반드시 배치하여야 한다. 재귀반사재의 인증은 보호등급-2 이상만 가능하다.

보호등급-1 제품은 시인성 수준이 가장 낮은 작업바지로 발목에 5 cm 너비의 재귀반사재 띠 2개를 반드시 배치해야 한다.

EN ISO 20471 기준은 햇빛, 주행빔, 네온사인 등 다양한 자연, 인공 조명조건에서 안전의복의 시인성이 보장될 수 있도록 기준을 강화하였다. 주간의 상이한 조명조건 및 야간의 주행빔 조명 시 운전자의 눈에 잘 띌 수 있도록 안전의복의 측정방법과 요구조건을 구체화한 것이다.

▍A: 작업복　▍B: 조끼/티셔츠　　　　　　▍C: 멜빵바지▍　▍D: 재킷
(보호등급-2)　(보호등급-2)　　　　　　　(보호등급-1)　　(보호등급-3)

그림 2.11 EN ISO 20471 기준에 따른 안전의복 보호등급

안전의복은 2가지 디자인 요소, 즉 형광직물과 재귀반사재로 구성하여야 한다. 따라서 형광직물 단독으로는 국제표준을 충족할 수 없고 마찬가지로 재귀반사재만으로 만들어진 제품 또한 안전의복의 범주에 포함되지 않는다. 형광직물은 노랑 – 초록, 주황 – 빨강, 빨강 형광물질을 포함한 직물로 구성되어야 하고, 재귀반사재는 작업자의 팔, 몸통 및 허리영역에 배치하여 신호기나 표지판과 같은 교통통제장치와 대비하여 사람으로 인식될 수 있도록 설계되어야 한다. 몸통을 감싸는 형광직물은 결절이 없어야 하는데 재귀반사재의 종류와 무관하게 준수되어야 한다. 재귀반사재는 옷단의 이음매(Hem)와 소매 끝단으로부터 최소한 5 cm에 위치하여야 하며, 너비는 최소 5 cm, 경사는 최대 20% 이내로, 2개 이상 사용할 경우는 최소한 5 cm 의 간격을 두고 설계되어야 한다. 형광직물은 인간의 눈에 보이지 않는 자외선을 가시화하여 형광색을 더욱 강렬하고 밝게 인지하도록 하여 주간의 인지능력을 향상시키고, 재귀반사재는 자동차 주행빔의 역광을 반사하여 야간 작업자의 시인성 향상을 통해 멀리서도 작업자의 형태와 동선을 인식할 수 있어야 한다. 최근 피복공학 연구에서는 작업자의 소매 양 끝단 부분이 야간 시인성 향상의 가장 효과적인 부위로 인식하고 있다.

형광직물은 소재, 색, 표면이 전자기방사 조건에서 어떻게 반응하는지를 측정하여 안전의복의 시각적 인지 수준을 평가한다. 형광물질의 색상(Color valence) 측정은 제조사의 세탁·건조 반복주기의 최대횟수에 대한 별도표기가 없다면 5회 세탁·건조 사이클 후 측정하도록 권고하고 있다.

안전의복에는 일반적으로 견고하고 착용감이 좋은 폴리에스터(PET)

표 2.6 안전의복의 보호등급에 따른 요구 시인성 면적(m^2)

	보호등급 – 3	보호등급 – 2	보호등급 – 1
형광직물	0.80	0.50	0.14
재귀반사재	0.20	0.13	0.10
혼합성능재	n.a.	n.a.	0.20

출처: EN ISO 20471

그림 2.12 안전의복 디자인 기준(EN ISO 20471)

80%, 면(Cotton) 20% 혼방직물 사용을 권고하고 있으나 PET 외에도 인조견사(Viscose)를 사용하기도 한다. 안전의복의 재귀반사재 코팅재료는 박판제품(Laminate)의 폴리우레탄(Polyurethane) 라이너로 제작하고 안전의복의 바지끝단은 내구성이 강한 케블라(Kevlar)의 트리밍(Trimming)으로 강화하기도 한다.

▌CAD(소재의 면적계산)　　▌45/0°방식형광측색계　　▌15 m 암실과 재귀반사성능측정기

그림 2.13 안전의복의 성능 측정기(출처: 일본 nissenken품질평가센터 보유장비)

특정 소재에 대한 인장력(Tensile strength)과 압력 요건은 완화되었으나 코팅직물(Laminated fabrics)의 마모저항도(Tear/abrasion resistance) 측정기법이 변경되어 신규측정이 필요하고 발한조건에서 직물의 색 고착도(Color fastness)는 형광직물의 염색등급을 3도에서 4도로 강화되었다. 방수원단이 아닌 안전의복 소재의 수증기투과저항(Vapor resistance)이 5 m^2 Pa/W 초과 시에는 열저항(Thermal resistance)을 측정하여 수증기투과지수(Water vapor permeability)를 확인하여야 한다. 수증기투과지수가 ≥ 0,15의 섬유소재는 기준에 부합한다.

● 미국의 안전의복 표준

미국은 국제표준과 무관하게 안전의복에 대한 자체적인 표준을 정하고, 특정직무에 대한 근무환경의 다양성을 고려하여 저조도 내지는 야간 조건의 시인성 및 쾌적성에 대한 안전의복 기준을 적용하고 있다. 미국 국제안전장비협회(ISEA)와 미국표준연구소(ANSI)가 공동 개발한 표준지침(ANSI/ISEA 107) 또는 미국 고시인성 안전의복 표준(American National Standard for High Visibility Safety Apparel and Headwear)을 준용한 제품을 권고하고 있다(Brackett et al., 1982; Brackett et al. 1985).

미국 ANSI/ISEA 107은 유럽 EN 471을 벤치마킹한 것으로 후에 캐나다 CSA Z96에 기초를 제공하였다. EN ISO 20471 표준과 유사하게 작업자의 위험요소와 직무, 작업환경의 복잡성, 교통류의 특성 및 속도조건 등에 기초하여 안전의복의 등급을 구분한다.

ANSI/ISEA 107에 따르면 보호등급-3 제품은 최소한 390 m(≈1,280 feet) 거리에서 인식될 수 있도록 최대 시인성 보장을 권고하고 있다. 보호등급-3은 몸통뿐만 아니라 팔, 다리의 형상도 인식될 수 있어야 하기 때문에 작업자의 시인성에 제약이 있거나 중장비가 작업자의 근방에 있을 경우에 착용한다. 보호등급-2 야광조끼를 보호등급-E 바지와 조합하면 보호등급-3 기준을 충족한다. 그러나 안전의복의 경우 가시적인 형광직물과 반사재의 면

표 2.7 직무형태별 안전의복 권고기준

직무형태	보호등급		
	등급-1	등급-2	등급-3
쇼핑카트 수거 및 정리	✔		
주차장 / 창고 안내	✔		
화물운송 / 택배	✔		
도로점용공사		✔	✔
중장비 설비공사		✔	✔
도로점검 · 진단		✔	✔
응급구조 / 긴급출동서비스		✔	✔
도로점용공사장 신호수			✔

출처: ANSI/ISEA 107-2010, Appendix B

적이 중요 요소이기 때문에 상의와 하의를 조합하여 보호등급이 일률적으로 상향 조정되지는 않는다.

보호등급-2 안전의복은 접근차량에 의해 작업자의 주의력이 분산되거나 통행차량과 근접하여 작업하거나, 통행속도가 시속 40 km를 초과하는 작업환경, 예컨대 도로점용공사장의 신호수, 도로안전진단 · 점검자, 통학로 횡단보호자, 공항수화물관리자, 철로보수 · 점검자, 응급구조사, 수도 · 전기 · 가스설비 업무 종사자가 착용하여야 한다.

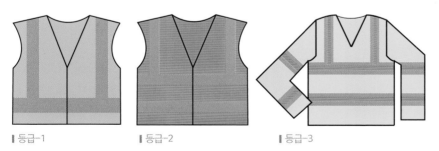

▮등급-1   ▮등급-2   ▮등급-3

그림 2.14 안전의복 디자인 기준 (ANSI/ISEA 107)

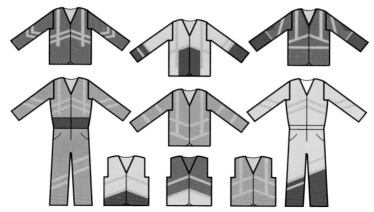

그림 2.15 안전의복 실용디자인 사례(출처: 3M 홈페이지)

보호등급-1 안전의복은 작업자와 통행차량 간 분리공간이 넓고 작업환경이 복잡하지 않으며, 통행속도가 시속 40 km를 초과하지 않는 작업환경, 예컨대 발레주차요원, 백화점·마트 신호수, 보도·노변 작업자 등에 적합하다.

기타등급으로 보호등급-E는 고시인성 반바지가 해당하며, 보호등급-2 또는 보호등급-3 기준을 충족하는 상의와 결합 시 보호등급-3이 가능하다.

이와 같이 ANSI/ISEA 107 표준은 고시인성 안전의복의 기준을 제시하고 최소한의 적용 분야를 권고한다. 기능적 요구사항은 작업환경과 대비한 의복의 색상과 명도, 모든 조명조건에서 작업자를 뚜렷하게 나타낼 수 있는 형광직물 내지는 재귀반사재의 복합적 사용을 명시하고 있다.

● 유럽연합과 미국 안전의복 표준의 차이점

EN ISO 20471과 ANSI/ISEA 107-2010에서 보호등급별 안전의복의 차이점은 다음과 같다. EN ISO 20471은 전문가용과 일반용으로 구분한 안전의복의 개념을 폐지하고 위험을 간과할 수 있는 모든 위험상황에 적용할 수 있는 개념으로 확장한 반면 ANSI/ISEA 107-2010은 최소한의 적용 분야를 권고하고 있다.

표 2.8 EN ISO 20471 안전의복의 보호등급별 차이점

표준	EN ISO 20471		
보호등급	보호등급-3	보호등급-2	보호등급-1
차량 통행 속도	> 60 km/h	< 60 km/h	< 30 km/h
직무형태	지방부 도로점용공사장 작업자, 도로환경미화원, 배관공사 작업자, 도로안전진단점검자, 교통사고원인조사자, 응급구조사, 야간 신호수 등	대형마트 및 백화점 (기계식)주차장 가이드, 쇼핑카트 아르바이트, 물류창고 관리자, 도심 배관공사 인부, 학교 앞 횡단보도 가이드, 소방관/경찰관, 택배기사 등	
재귀반사재 너비	5 cm	5 cm	5 cm
재귀반사재 갯수	(예) 긴소매 재킷: 2	(예) 조끼: 2	(예) 바지: 2
재귀반사재 위치	(예) 긴소매 재킷과 바지: 몸통, 가슴, 어깨, 팔, 발목	(예) 조끼: 몸통, 가슴, 양어깨	(예) 바지: 발목
재귀반사재 면적	0.2 m^2	0.13 m^2	0.1 m^2
형광직물의 색상	노랑, 주황, 빨강	노랑, 주황, 빨강	노랑, 주황, 빨강
형광직물의 면적	0.8 m^2	0.5 m^2	0.5 m^2
디자인 예	• 경사: 최대 20% 이내로 설계되어야 한다.		
특이사항	• 미국표준과 달리 형광색상과 재귀반사계수 외에 재귀반사재의 배치, 경사를 중요하게 여김 • 유럽연합은 5년 주기로 고시인성 경고의복에 대한 기준을 연구하여 개정하고 있음 • 유럽연합은 보호등급-2 제품인 야광조끼를 차량 내에 비치하도록 강제하고 있음		

표 2.9 ANSI/ISEA 107-2010 안전의복의 보호등급별 차이점

표준	ANSI/SEA 107				
보호등급	보호등급-3	보호등급-2	보호등급-1	보호등급-E	모자
차량 통행 속도	> 60 km/h	> 40 km/h	< 40 km/h	–	–
직무형태	작업자의 시인성에 제약이 있을 때, 중장비가 작업자 근방에 있을 때	도로점용공사장 신호수, 도로진단점검자, 통학로 횡단보호자, 공항수하물관리자, 철로보수점검자, 응급구조사, 수도전기가스설비 업무 종사자	주차요원, 백화점신호수, 보도작업자	–	–
재귀반사재 너비	5 cm	> 2.5 cm	2.5 cm	–	–
재귀반사재 개수	–	–	–	–	–
재귀반사재 위치	(예) 긴소매 재킷: 몸통, 어깨, 위 소매, 손목	(예) 조끼: 몸통, 어깨	(예) 멜빵 (Harnesses): 허리, 어깨	(예) 바지: 발목	–
재귀반사재 면적	0.2 m^2 (310 in^2)	0.13 m^2 (201 in^2)	0.10 m^2 (155 in^2)	0.07 m^2 (108 in^2)	0.0065 m^2 (10 inch^2)
형광직물의 색상	노랑, 녹색, 주황, 빨강	노랑, 녹색, 주황, 빨강	노랑, 녹색, 주황, 빨강	노랑, 녹색, 주황, 빨강	노랑, 녹색, 주황, 빨강
형광직물의 면적	0.80 m^2 (1240 in^2)	0.50 m^2 (775 in^2)	0.14 m^2 (217 in^2)	0.30 m^2 (465 inch^2)	0.05 m^2 (78 inch^2)
디자인 예					

(계속)

디자인 예				

특이사항	• 보호등급-E는 고시인성 반바지가 해당하며, 보호등급-2 또는 보호등급-3 기준을 충족하는 상의와 결합 시 보호등급-3 활동이 가능함 • 야광조끼 표준은 별도의 ANSI 207로 규정하여 형광직물의 색상에 따라 적색은 소방관, 녹색은 경찰관, 황색은 작업자를 상징하는 것으로 정하고 있음 • 멜빵(Harness)의 착용을 허용하고 있음 • 모자까지 포함하고 있음

EN ISO 20471에서는 노랑 또는 주황 등 안전의복의 색상 선택을 제시하지 않고 있다. 왜냐하면 노랑, 주황 계열의 색상변형을 동등하게 승인하고 있기 때문이다. 독일의 경우 통상적으로 철도시설 근무자의 경우 노랑계열의 안전의복을, 도로건설 근무자의 경우 주황 또는 주황·초록 혼합제품을 권고한다. 이와 같이 EN ISO 20471 기준은 경고색상의 선택보다는 안전의복의 착용방식을 더 중시한다.

이는 형광직물과 재귀반사재의 면적과 수량에 따라 안전의복의 보호등급을 구분하도록 하는 규정으로 설명이 가능하다. 규정에 맞지 않는 착용, 예컨대 야광조끼를 풀어 헤친 착용, 소매나 바지 아랫단을 분리 내지는 걷어 올린 착용 등은 경고효과를 감소시킨다고 보고하고 있다. 특히 폐기물관리, 하수정화, 도로건설, 도로운영, 환경미화, 조경관리, 노면전차 등 종사자는 반바지 착용을 금지하고 있으며, 긴 바지의 경우는 반드시 안전화 바깥으로 내어서 착용하도록 권고하고 있는 것이다.

야광조끼, 재킷, 작업바지 등 여러 부분을 조합한 안전의복의 경우에도 상의를 탈의하면 보호등급-3 수준이 보호등급-1 수준으로 안전효과가 급격하게 떨어져 안전의복 본래의 기능을 상실할 수 있다고 경고하고 있다. 다시 말해 재귀반사재와 형광직물은 작업시설, 일반 작업복, 장비(예: 제초장비) 등에 가려지지 않도록 하여야 하고 어떠한 시인성 조건이나 날씨여건과 관계없이, 주름이 과도하게 형성되어 재귀반사재 기능 저하의 원인이 되는 빈번하게 무릎을 굽히는 등 반복된 작업 자세에도 경고효과는 보장될 수 있어야 한다.

왜냐하면 안전의복의 보호등급이 형광직물 및 재귀반사재 수량과 면적의 크기로 구분되기 때문이다. 하지만 주간 작업환경의 배경색에 따라서 안전의복의 형광색을 선택할 필요가 발생하기도 하는데, 예컨대 여름철 녹색이 우거진 환경에서 노랑 계열 안전의복을 착용한 경우가 주황 – 빨강 계열 안전의복을 착용한 경우보다 덜 인지될 수 있기 때문이다.

그림 2.16 국내 제초장비를 착용한 경우의 착용의복과 시인성

그림 2.17 작업 자세와 착용자 형상의 가시성(출처 : BGI/GUV-I 8591)

그림 2.18 여름철 녹색 환경에서 노랑 또는 주황 – 빨강 계열 안전의복의 시인성
(출처 : BGI/GUV-I 8591)

또한 유럽연합은 5년 주기로 고시인성 안전의복에 대한 기준을 연구하여 개정하고 있다. 미국표준과 달리 유럽연합은 형광직물의 색과 재귀반사재 사용 외에도 재귀반사재의 배치를 중시한다. 재귀반사재는 비, 온도변

화, 문지름(Rubbing), 주름, 세탁 등 다양한 환경조건에서 고휘도 성질을 유지할 수 있어야 하며, 자외선노출, 치수안정성(Dimensional stability), 수증기투과저항, 색상순도(Color authenticity) 등 특성을 검증하여야 한다.

● 야광조끼와 신호수의 안전의복 표준

국내에서도 비교적 손쉽게 착용 사례를 찾아 볼 수 있는 야광조끼는 국제적으로 노랑이나 주황계열 바탕직물로 표준화되었고, 유럽연합의 개인맞춤형 보호 장비 가이드라인(PSA 89/686/EWG)에도 반영되어 있다. EN ISO 20471에서는 보호등급-2로 분류하고 있고 대부분의 유럽국가에서는 차량 내에 반드시 비치하도록 강제하고 있다. ANSI는 2006년에 도로점용공사장 작업자의 야광조끼를 경찰관과 소방관의 야광조끼와 구별하기 위해 고시인성 야광조끼 표준 ANSI 207을 발표하였고, 보호등급-1 혹은 2로 분류하고 있으며 재귀반사재의 너비와 면적이 넓을수록 보호등급-2에 해당한다. 적색 형광직물은 소방관, 청색은 경찰관, 황색은 작업자를 각각 상징하는 것으로 정하고 무전기나 배지 착용, 포켓 등 선택적 기능을 포함할 수 있도록 하였다. 하지만 이와 같이 안전의복에 휴대폰 주머니(Phone pockets), 엉덩이 주머니(Flap closed buttocks), 가슴 주머니(Chest pockets), 벨트루프(Belt loops), 조정 허리띠(Adjustable waistband) 등은 재귀반사재의 면적과 배치된 위치를 변형시켜 안전의복의 기능을 감소시킬 수 있다. 즉, 다기능은 고시인성의 경고기능을 해칠 수 있다는 사실을 인지하여야 한다.

독일 연방교통부는 1995년에 도로점용공사장 안전지침(Richtlinien für die Sicherung von Arbeitsstellen an Strassen, 이하 RSA)을 마련하여 사람이 직접 신호수 역할을 하지 못하도록 하였고, 경고 깃발(Warnfahne)은 반드시 경고 비콘(Warnwinkebake)에 부착하여 사용하도록 하고 있다. 연방교통부는 또한 도로교통시행령(StVO) 제43조에 경고 깃발의 제작요건(색: white-red-white, 중량: 1.8 kg, 크기: 50×50 cm)을 명시하였고 색상은 EN 471 안전의복지침을 충족하는 재귀반사기능을 갖추도록 명시하였다.

미국도 2003년에 연방도로국의 교통통제시설 매뉴얼(Manual Uniform Traffic Control Devices, Federal Highway Administration) 제6장에 신호수의 임시교통통제(temporary traffic control)에 대해 상세히 서술하고 있는데, 도로점용공사장의 구간특성(차로 수, 양방향 등)에 따라 신호수의 위치를 결정하도록 하고 신호수의 자격요건과 교육훈련에 대해 상세히 설명하고 있다. 특히 신호수 고시인성 안전의복의 착용에 대한 기준(ANSI 107-1999)을 제시하고 있으며, 야간 임시교통통제 시 재귀반사 성능이 있는 적색 깃발을 사용하여야 하고, 신호수가 서 있는 장소는 조명을 강화하도록 규정하고 있다. 통과차량을 정지시키거나, 통과를 유도하거나, 위험상황을 경고하는 경우에 따라 적색 깃발의 수기방법을 구체적으로 제시하고 있다.

❙독일의 경고비콘, 경고깃발(출처: RSA, 1995)

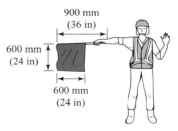

❙미국의 신호수(출처: MUTCD, 2003)

❙한국의 로봇 신호수(출처: 국토교통부, 2012)

그림 2.19 국내외 신호수 운영방식의 상이성

그림 2.20 국내 신호수 및 로봇 신호수 착용의복

한편 국토교통부가 2012년에 미국 연방도로국의 '교통통제시설 매뉴얼'을 참고하여 '도로 공사장 교통관리 지침'을 마련하였고 임시교통통제의 목적에 따라 통제 신호수, 서행 신호수, 유도 신호수, 교통감시원, 보행 안내원으로 유형을 구분하고 있다. 그밖에 지침에는 적색 깃발의 수기방법이

안내되어 있으나 도로관리청 도로보수원 교육에는 반영되어 있지 못한 상태이고 신호수의 자격에 대한 체계적인 품질관리와 야간공사장 안내 시 시인성을 제고할 수 있는 안전의복의 기준을 담고 있지 않다. 신호수의 시인성을 높이기 위해서 신호수의 위치의 적절성을 판단할 수 있는 기준도 필요하고 주간활동 시 보호등급-2 안전의복의 착용, 야간활동 시 보호등급-3 안전의복 착용 등 섬세한 착용기준을 마련하여야 한다. 또한 국제적으로 차별화된 안전대책으로 볼 수 있는 로봇 신호수의 활용에서도 고시인성 안전의복 착용의 기준과 표준화가 필요하다.

● 안전의복 사이즈

EN ISO 20471에 따르면 안전의복의 치수 체계는 ISO 13688(1998)에 준한다고 명시하고 있다. 이에 따르면 일반적으로 안전의복은 여성 신체치수를 고려하지 않고 남성의 신체치수를 기준으로 제작되고 있다. 즉, 여성의 신체특성을 고려한 안전의복 치수 기준표가 별도로 마련되어 있지 못한 형편이다. 따라서 여성은 남성치수 체계를 적용한 안전의복에서 자신의 치수에 부합하는 제품을 구입하여야 하는 문제점이 있을 수 있다. 따라서 여성치수를 고려하거나 남성과 여성치수의 중간을 변환하여 중간치수의 안전의복을 개발할 필요가 있다.

개인별 안전의복의 적합한 치수를 찾으려면 신체 치수에 따른 의복치수 기준표를 참조하여야 한다. 안전의복 하의를 구입할 경우에는 신체치수 측

표 2.10 신장 164~172 cm 작업자의 안전의복 치수 기준표

사이즈 체계		XS	S		M		L		XL		2XL		3XL	
A=신장 164~172 cm	B (cm)	76	80	84	88	92	96	100	104	110	116	122	128	134
	C (cm)	63	66	69	72	76	80	84	88	88	99	105	111	117
	D (cm)	87	90	93	96	99	102	106	106	110	120	125	130	135
	E (cm)	80	80	80	80	80	80	80	80	80	80	80	80	80

출처: Fristads Kansas, 2015

표 2.11 신장 168~176 cm 작업자의 안전의복 치수 기준표

사이즈 체계		XS		S		M		L		XL		2XL		3XL	
A=신장 168~176 cm	B (cm)	84	88	92	96	100	104	108	112	116	120	124	128	132	136
	C (cm)	78	82	86	90	94	98	103	108	114	120	126	132	138	144
	D (cm)	93	96	100	104	108	112	116	120	124	128	132	136	140	144
	E (cm)	76	76	76	78	78	78	78	80	80	80	80	80	80	80

출처: Fristads Kansas, 2015

표 2.12 신장 176~184 cm 작업자의 안전의복 치수 기준표

사이즈 체계			XS		S		M		L		XL		2XL		3XL		4XL	
A=신장 176~ 184 cm	B (cm)	80	84	88	92	96	100	104	108	112	116	120	124	128	132	136	140	144
	C (cm)	68	72	76	80	84	88	92	97	102	108	114	120	126	132	138	144	150
	D (cm)	88	91	94	98	102	106	110	114	118	122	126	130	134	138	142	146	150
	E (cm)	80	80	80	80	82	82	82	82	84	84	84	84	84	84	84	84	84

출처: Fristads Kansas, 2015

표 2.13 신장 184~192 cm 작업자의 안전의복 치수 기준표

사이즈 체계		XS	S		M		L		XL		2XL		3XL	
A=신장 184~192 cm	B (cm)	88	92	96	100	104	108	112	116	120	124	128	132	136
	C (cm)	76	80	84	88	92	97	102	108	114	120	126	132	138
	D (cm)	94	98	102	106	110	114	118	122	126	130	134	138	142
	E (cm)	85	85	87	87	87	87	89	89	89	89	89	89	89

출처: Fristads Kansas, 2015

정항목 중 신장(A), 허리둘레(C), 엉덩이둘레(D), 다리길이(E)를 고려하며, 상의 구매 시에는 가슴둘레(B)를 고려한다. 상의 일체형 바지(Overall) 구입 시에는 신장(A), 가슴둘레(B), 엉덩이둘레(D), 다리길이(E)를 고려한다.

예컨대 여성 작업자가 재킷, 바지, 상의 일체형 바지를 구입하고자 한다면 신장 범위에 따라 표 2.10~13을 참고하여 자신의 신체치수에 적합한 안전의복을 선택하여야 한다.

유럽연합은 남성치수와 여성치수 사이의 변환계수(Conversion factor)로 남성의 평균치수에서 6을 뺀 치수를 여성치수로 고려하는 방안을 권고하고 있다. 예컨대 여성치수가 164이면 남성치수 170에 해당하는 제품을 구입할 것을 권장한다. 강제사항이 아니기 때문에 회원국 간 적용방식에 차이가 있을 수 있는데, 독일의 경우 독일표준연구소는 변환계수로 허용범위 ±2 cm를 감안하도록 권고하고 있다. 미국은 사이즈체계(S/M/L/XL) 변환 시 안전의복 치수를 남녀공용(Unisex) 수치로서 적용할 것을 권장하고 있다.

2.4 자동차 내 야광조끼 비치 의무화

OECD 회원국의 대부분은 자동차 책임보험 가입 시 운전자와 보조운전자를 위한 2개의 야광조끼를 비치하도록 권고하고 있으며, 도로교통 영역에서 국제표준에 부합하는 야광조끼를 차량 내에 의무적으로 비치하는 국가들이 늘어나고 있다. 예컨대 벨기에, 이탈리아, 룩셈부르크, 슬로베니아, 스페인, 헝가리, 독일 교통부는 차량 내 야광조끼 비치를 의무화한 국가이다(참고: 독일자동차보험공단 ADAC).

이탈리아는 2003년 Safety Pocket 법령인 제151/03호 7.31이 의회를 통과하여 2004년 1월 1일부터 모든 차량은 보호등급-2 제품인 야광조끼를 의무적으로 비치하여야 하고, 자동차사고 시 차량을 세우고 야광조끼를 착용하지 않으면 벌금 33.6유로를 부과하고 있다. 프랑스는 2008년 음주운전과의 전쟁을 선포하고 국무총리가 음주운전방지대책을 발표하면서 그해 7월 1일부터 차량 내 야광조끼와 삼각대 구비를 의무화하였다. 2015년 5월 10일자로 프랑스 교통부는 도로교통법 R416-19를 개정하면서 그 대상을 오토바이 운전자까지 확대, 2016년 1월 1일부터 시행하고 있다.

● 독일

거의 모든 차량에 야광조끼를 비치하도록 의무화하고 있으며, 운전자는 교통사고나 타이어결함 시 차량을 벗어날 경우에 야광조끼를 착용하여야 한다. 독일 연방교통부는 차량 내에 비치하는 야광조끼를 도로교통법 시행령(StVZO)과 독일표준(DIN EN ISO 20471)에 요구조건으로 명시하고 있다. 독일연방교통부(BMVI)는 2014년에 도로교통법(StVZO) 제53조를 개정하여 그해 7월부터 신규 등록하는 승용차, 화물차, 버스 운전자와 보조운전자 모두에 야광조끼 비치를 의무화하였고, 기존 차량에 대해서는 사업용 차량에 국한하여 야광조끼 착용을 의무화하고 비사업용 차량에는 비치를 권고하는 이중 전략을 구사하고 있다. 2014년 이전에는 관용차량만 해당하였다. 독일직업연맹(BGI)에 가입된 사업용 차량은 모두 의무대상이지만 관내만 운영되고 보험수리 대상이 아닌 차량, 이륜자동차는 의무대상에서 제외하고 있다. 또한 독일직업연맹은 사고방지조례(Unfallverhütungsvorschrift)를 통해 운수종사자의 야광조끼 착용을 유도하고 있다. 조례에 따르면 운전자는 반드시 야광조끼 착용의무가 있고 보조운전자 또한 야광조끼를 비치하도록 명시하고 있다. 운전자가 야광조끼를 비치하지 않거나 착용하지 않을 시 노상단속에 적발되면 사고방지조례에 따라 법규위반으로 처리되고 독일직업연맹은 벌금 등의 행정조치를 취할 수 있다. 운수공제조합은 사고예방규정을 통해 운수종사자의 야광조끼의 착용을 강제화하고 있다. 규정에는 최소한 한 벌의 야광조끼와 보조운전자가 정례적으로 탑승하는 경우 보조운전자를 위한 야광조끼를 비치하도록 의무화하고 있다. 야광조끼는 정비수리업무, 견인업무, 응급구조업무에 종사하는 인력에 필수항목이다. 따라서 의무를 위반하면 공제조합이 벌금을 부과하여 집행할 수 있다. 연방교통부 산하 연방화물교통공단(BAG)은 화물차 노상단속 시 야광조끼 비치여부를 점검한다(도로교통법 제31조). 이때 보조운전자를 위한 야광조끼도 비치하여야 하나 운행 중 착용의무는 없다. 비치의무를 위반한 경우 연방교통부의 벌점기준에 의거해 15유로 과태료를 징수한다. 독일사고보험공단(DGUV)의 사고예방지침(BGI/GUV-I 8591)에도 야광조끼의 차량 내 비치를 권고하고 있는데, 동지침 제5조는 경영자가 사업용 차량에 2가지 색상의 인증된 야광조끼를 비치하도록 권고하고 있다. 지침 제31조에도 안전의복에 대한 규정이 담겨 있는데, 사업체를 운영하는 자는 근로자의 안전을 위해 적정한 안전의복을 구비할 의무를 부여하고 있다. 단, 단지 내 운영차량은 해당하지 않으며, 통신장비가 있는 차량이나 공공도로에서 시설유지보수업무를 직접 수행하지 않는 근로자는 제외한다. 지침은 EN ISO 20471에 의한 주황, 빨강 또는 노랑의 형광색상을 갖추고 안전의복 보호등급-2의 최소 반사계수값으로 인증된 제품을 활용하도록 하고 있다. 야광조끼를 비치하지 않거나 착용하지 않는 행위는 독일사회법에 준하는 위반행위로 간주된다.

● 노르웨이

2007년 3월 1일부터 교통부는 노르웨이 차량등록증을 가진 차량에 한해 지방부도로와 고속도로에서 교통사고나 타이어결함 시 차량을 벗어날 경우, 이륜차를 제외하고 야광조끼 비치 및 착용을 의무화하고 있다. 규정위반에 따른 벌금부과는 이루어지지 않는다.

● 룩셈부르크

2008년부터 교통부는 고속도로와 자동차 전용도로에서 교통사고나 타이어결함에 의해 자동차나 이륜자동차로부터 벗어나는 즉시 야광조끼를 착용하도록 의무화하였다. 마찬가지로 보행자도 야간이나 시인성이 불량한 주간에 차도 가장자리를 이동 시 야광조끼를 착용하여야 한다. 단, 보도나 자전거전용차로로 피할 수 있는 가능성이 있다면 해당하지 않는다. 미착용 시에는 최소 49유로의 벌금을 부과하고 있다.

● 벨기에

2007년 2월 1일부터 교통사고나 타이어파열 시 지방부도로와 고속도로, 자동차 전용도로에서 이륜차를 포함하여 차량에서 벗어날 경우, 야광조끼를 착용하도록 의무화하고 있다. 교통부는 야광조끼의 착용의무 위반 시 최소 50유로에서 최대 1,375유로의 벌금이 부과되는 일수벌금제도[5]를 운영하고 있다.

● 스페인

2004년 6월 24일부터 야광조끼의 착용의무화가 시작되었고 야광조끼 대용으로 형광기능이 있는 바지 착용을 허용하고 있다. 이륜자동차는 제외대상이다. 착용의무를 위반하면 최대 50유로의 벌금이 부과된다.

● 슬로바키아

고속도로나 지방부도로를 주행 중인 모든 자동차(이륜자동차 포함)는 야광조끼를 비치하고 교통사고나 타이어결함 시 차량에서 벗어날 경우, 이를 착용할 의무가 있다. 이를 어기면 최소 50유로의 벌금이 부과된다.

● 슬로베니아

야광조끼 비치의무는 없으나 고속도로나 자동차전용도로에서 교통사고나 타이어결함으로 차량에서 벗어날 경우에는 야광조끼를 착용하여야 한다. 이륜자동차는 착용의무가 없다. 착용의무를 위반하면 40유로의 벌금이 부과된다.

---

5 교통법규 위반자의 하루 소득을 기준으로 일수를 정하여 벌금을 부과하는 제도로, 경제력에 따라 형벌 효과를 극대화하기 위한 교통선진국에서는 보편화된 징벌제도이다. 우리나라는 경제력과 상관없이 법률에 정해진 액수를 벌금으로 부과하는 총액벌금제도를 운영하고 있다.

● 오스트리아

2005년 5월 1일부터 교통부는 이륜차를 제외한 모든 유형의 자동차(트레일러 포함)에 대해 운전석에 최소한 한 벌의 야광조끼를 비치하도록 의무화하였고, 타이어결함에 의해 차량 외부에 안전삼각대를 설치 시에는 반드시 착용하여야 한다. 휴게소나 주차장이 아닌 곳에 자동차를 주차한 경우에도 반드시 야광조끼를 착용하여야 한다. 이러한 규정은 이륜자동차에는 적용되지 않는다. 야광조끼 비치나 착용 의무를 위반한 경우, 최소 14유로에서 최대 36유로의 벌금이 부과된다.

● 이탈리아

2004년 4월 1일부터 교통부는 지방부도로와 고속도로에서 교통사고나 타이어결함에 의해 차량에서 벗어날 경우, 야광조끼를 착용하도록 의무화하였다. 예를 들어, 타이어결함으로 차량 외부에 안전삼각대를 설치하는 운전자는 반드시 야광조끼를 착용하여야 한다. 2010년부터는 자전거 이용자도 해질녘이나 터널 내에서 야광조끼를 착용하도록 의무화하였고, 이를 위반하면 최소 41유로의 벌금을 납부하여야 한다.

● 체코

고속도로나 지방부도로에서 교통사고나 타이어결함 시 차량을 벗어날 경우, 야광조끼의 착용이 의무화되어 있다. 운전자뿐만 아니라 탑승자 수를 고려한 야광조끼가 비치되어야 한다.

● 크로아티아

지방부도로와 고속도로에서 교통사고나 타이어결함 시 차량을 벗어날 경우, 자동차와 이륜자동차 모두 야광조끼를 착용하여야 한다. 그러나 위반시 벌금은 부과하지 않는다.

● 포르투갈

2005년 6월 25일부터 교통부는 이륜차를 제외한 등록차량에 대해 야광조끼를 비치하도록 조치하였다. 고속도로나 지방부도로에서 교통사고나 타이어결함으로 차량에서 벗어나거나 차로 또는 가장자리에 정차한 경우에 야광조끼를 착용하여야 한다. 비치의무를 어기면 최소 60유로에서 최대 300유로의 벌금이 부과된다. 착용의무를 위반하면 최소 120유로에서 최대 600유로까지 벌금이 부과될 수 있다.

● 프랑스

2008년 7월 1일부터 이륜차를 제외한 모든 차량은 교통사고나 타이어파열 시 차량에서 벗어날 경우, 야광조끼 착용을 의무화하고 있다. 교통부는 그해 9월 1일에 지방부도로 야간이나 기후조건이 악화 시 야광조끼 착용에 관한 규정을 마련하였고, 최소 한 벌의 야광조끼를 비치하도록 의무화하고 있다. 단, 이륜자동차, 삼륜차는 제외된다. 자전거 이용자 또한 야간 또는 시인성이 불량한 주간에 이동 시 야광조끼를 착용하도록 의무화하였다. 비치의무를 위반 시에는 최소 90유로로, 착용의무를 위반하면 최소 22유로의 벌금을 부과하고 있다.

● 핀란드

교통부는 모든 운전자가 야간운전 중 차량에서 벗어날 경우, 반드시 재귀반사재 소재의 야광조끼를 착용하도록 의무화하고 있다. 보행자도 야간보행 시, 안전의복을 착용하도록 강제하고 있으나 이를 위반하더라도 벌금부과를 실시하고 있지는 않다.

● 헝가리

2008년부터 보행자는 야간 시 야광조끼를 착용하여야 하고, 차량에서 벗어날 경우 운전자뿐만 아니라 탑승객도 착용이 의무화되었다. 착용의무를 위반하면 최대 97.27유로를 벌금으로 지불하여야 한다.

2010년부터 오스트리아 교통부는 착용의무제를 실시하면서 야광조끼 착용이 야간의 시인성 부재로 인한 교통사고의 39%를 줄이는 효과를 얻은 것으로 보고하였다. 부상사고 건수도 53% 감축한 것으로 분석되었다. 이러한 결과를 토대로 유럽 자동차협회는 유럽연합의회에 차량 내 야광조끼 비치 및 착용에 대한 표준화를 제안한 상태이다. 이와 같이 한국, 일본을 제외한 OECD 회원국 대다수는 고속도로나 지방부도로에서 차량 내 야광조끼 비치를 의무화하고 있으나 국가에 따라 차량유형, 좌석유형에 따라 차이가 있다. 즉, 운전석에만 적용하거나 혹은 모든 좌석의 탑승자에 적용하는 등 야광조끼의 지침의무는 다소 차이가 있다. 그럼에도 불구하고 교통사고나 타이어 파열 시, 차량을 벗어나는 경우에서의 야광조끼 착용의무는 공통적이다. 교통선진국의 현황을 보면 야광조끼의 비치와 착용의 의무에서 예외적인 경우는 업무용 개인승용차 운전자가 유일하다.

렌터카, 화물차, 버스, 택시 등 여객 및 화물 운수사업자는 근로자의 교통안전과 건강보호의 개선을 위한 조치를 취하여야 한다. 야간이나 기후조건이 불량한 경우, 공공교통 공간에서 차량에서 벗어날 경우 사고위험에 노출될 수 있다. 운전자가 차량으로부터 이탈하기 전에 야광조끼를 착용할 수 있도록 트렁크보다 차량 내에 보관하는 것이 바람직하다. 관용차량, 여객·화물차량 등은 야광조끼를 비치하여야 하고 이를 어길 경우 법규위반으로 처벌할 수 있는 조항도 마련되어야 한다. 야광조끼를 비치하지 않거나 착용하지 않은 상태에서 교통사고에 개입된 경우 손해배상 청구도 고려하여야 한다. 이러한 원칙은 도로법, 운수사업법, 교통안전법 등에 반영되어야 함은 물론이다. 특히 휴가철에 급증하는 렌터카 사고의 방지를 위해 야간 시인성 향상 및 야광조끼 착용 행동지침을 렌터카 사업자가 제공하는 방안도 적극 고려할 필요가 있다.

사업용 차량 운전자뿐만 아니라 일반 운전자도 타이어결함으로 타이어 교체 작업을 수행 시 도로상 차량충돌 위험에 노출되기 때문에 야광조끼의 차량 내 비치를 의무화할 필요가 있다. 개인승용차 운전자라 하더라도 안전의복을 착용하지 아니하여 2차 사고에 연루되어 부상을 당하거나 피해를 주었다면 과실상계 시 책무부담이 높아질 수 있도록 징벌기준이 마련되어야 한다.

2.5 안전의복에 대한 국내현황

고시인성 안전의복에 대한 특징적인 부분은 형광직물 및 재귀반사재를 사용했는지, 디자인 규정을 준수했는지가 관건이다. 형광직물의 색상은 경고색으로 선정한 형광 노랑, 주황, 빨강으로 한정되어 있고 색도 및 휘도율은 국제조명위원회, CIE(Polychromatic illumination) D 65의 다색광의 45/0° 방식을 채택하는 측정장비(Polychromatic illumination)를 사용하여 표준 관

표 2.14 형광물질 색 요구 성능 1

색	색도 좌표		최소 휘도
	x	y	β_{min}
형광 노랑	0.387 0.356 0.398 0.460	0.610 0.494 0.452 0.540	0.70
형광 주황	0.610 0.535 0.570 0.655	0.390 0.375 0.340 0.345	0.40
형광 빨강	0.655 0.570 0.595 0.690	0.345 0.340 0.315 0.310	0.25

출처: EN ISO 20471

표 2.15 형광물질 색 요구 성능 2

색	색도 좌표		최소 휘도
	x	y	Y (%)
형광 노랑 – 녹색	0.387 0.356 0.398 0.460	0.610 0.494 0.452 0.540	70
형광 주황 – 빨강	0.610 0.535 0.570 0.655	0.390 0.375 0.340 0.344	40
형광 빨강	0.655 0.570 0.595 0.690	0.344 0.340 0.315 0.310	25

출처: ANSI/ISEA 107

측자료 CIE No 15.2의 절차에 따라 CIE 표준광원 D 65, 2° 시야로 색 좌표 (x, y)를 측정한다. 형광직물 색에 따른 색도 좌표와 최소한 요구되는 휘도는 표 2.14, 2.15와 같고, 제논노출시험(Xenon teat)[6] 후 획득한 색의 휘도는 요구하는 최소값 이상이어야 한다.

재귀반사계수 R'의 측정은 CIE No 54.2의 절차에 준하여 광원과 시료대가 15 m 이상 떨어진 암실 내에서 입사각과 관측각을 설정하여 최소 요구 재귀반사계수를 측정한다. 재귀반사재는 반드시 사용해야 하는데, 예를 들어 어떤 자세에서도 360° 보일 수 있도록 허리, 팔, 다리부분에 일주(一周)하도록 배치되어야 한다. 그림 2.21에는 EN 471에 따른 형광 노랑과 주황 상하의 조합에 따른 시인성의 향상효과를 나타낸다.

---

6   이 시험의 목적은 야외노출을 가정하여 염색물이 햇빛의 자외선에 의해 색소가 파괴되어 색상이 퇴색되는 정도를 측정하기 위함이다. 사용광원에 따라 태양광원 및 인공광원을 사용하는데 측정시간을 고려하여 주로 인공광원(예: 제논램프)을 이용하는 측정방법이 사용되고 있다. 시험편을 제논램프에 노출시킨 후 시험편의 퇴색정도를 AATCC 변퇴색용 표준 회색색표와 비교하여 판정한다. 형광 빨강과 주황은 5급 블루 스케일이 변퇴색용 그레이 스케일의 3급으로 변할 때까지 노출하고, 형광 노랑은 4급 블루 스케일이 변퇴색용 그레이 스케일의 4급으로 변할 때까지 노출한다.

표 2.16 개별성능재의 최소 요구 재귀반사계수 (단위 : cd/lx m²)

관측각 \ 조사각	5°	20°	30°	40°
12'	330	290	180	65
20'	250	200	170	60
1°	25	15	12	10
1° 30'	10	7	5	4

* ANSI/ISEA 107에서는 개별성능재 보호등급-2와 혹은 혼합성능재의 최소 요구 재귀반사계수이다.

출처: EN ISO 20471, ANSI/ISEA 107*

표 2.17 혼합성능재의 최소 요구 재귀반사계수 (단위 : cd/lx m²)

관측각 \ 조사각	5°	20°	30°	40°
12'	65	50	20	5
20'	25	20	5	1.75
1°	5	4	3	1
1° 30'	1.5	1	1	0.5

출처: EN ISO 20471

표 2.18 혼합성능재 혹은 개별성능재 보호등급 – 1의 최소 요구 재귀반사계수 (단위 : cd/lx m²)

관측각 \ 조사각	5°	20°	30°	40°
12'	250	220	135	50
20'	120	100	75	30
1°	19	11	9	7
1° 30'	7	5	3	3

출처: ANSI/ISEA 107

구 분	노랑 × 노랑	주황 × 주황	노랑 × 주황	주황 × 노랑
재킷 EN471: 등급 2 + 바지 EN471: 등급 1 ‖ EN471: 등급 3 상당한 안전성			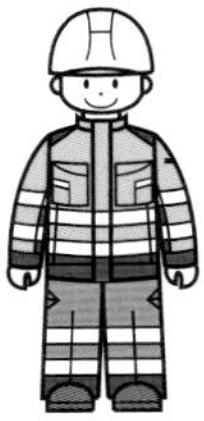	
베스트 I EN471: 등급 1 + 바지 EN471: 등급 1 ‖ EN471: 등급 2 상당한 안전성				
베스트 II EN471: 등급 2 + 바지 EN471: 등급 1 ‖ EN471: 등급 3 상당한 안전성				
폴로셔츠 + 바지 EN471: 등급 1 면적에 따라 EN471: 등급 3 상당한 안전성				

그림 2.21 상하의 조합에 따른 시인성 향상 효과

표 2.19 3M Scotchlite™의 특성

제품번호	색상	초기평균 RA[1]	최소 RA[2]	세탁횟수[3]
5535 Segments Flame Resistant Trim	Sliver	> 330	330	65

1. 조사각 +5°, 관측각 0.2°에서 측정하였다.
2. EN ISO 20471, ANSI/SEA 107에서 규정한 안전의복 보호등급-2의 재귀반사계수(RA)의 측정조건은 조사각 +5°, 관측각 0.2°이다.
3. ISO 6630의 6N과 2A: 60℃(140°F)에서 RA > 100 cd lx/m[2]이다.

출처: 3M 홈페이지

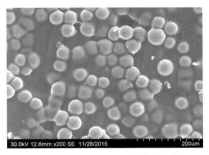
| 국내 공공기관 야광조끼에 사용된 반사재

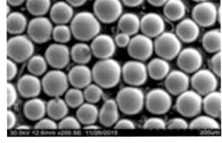
| 3M사의 반사재

그림 2.22 재귀반사재의 전자현미경 관찰(200 x)

재귀반사재의 대표적인 예로는 높은 시인성으로 세계 각국에서 채용되어 지지를 받고 있는 3M사의 Scotchlite™를 들 수 있다. Scotchlite™의 마이크로 프리즘의 각도는 3M만의 특허로 현재까지 40년 동안이나 세계 최고의 재귀반사 성능을 가진 것으로 알려져 있고, 안전표시용 재귀반사 필름 세계 시장점유율(2010년)에서 45%를 점유하고 있다. 이어 Avery(미국)가 20%, Reflexite(미국)가 12%를 차지하고 있다.

그림 2.22는 국내 공공기관에서 사용하고 있는 재귀반사재와 3M사의 재귀반사재를 전자현미경으로 관찰한 것으로 유리구슬의 크기, 균일성 등에서 차이를 찾아볼 수 있다.

이에 관한 이론을 살펴보면 반사란 빛이 어느 물체를 조사했을 때 물체의 내부에는 아무런 영향도 미치지 않고 그 표면으로부터 빛이 되돌아 나

오는 수동적인 과정을 말하며, 반사는 난반사, 거울반사, 재귀반사로 구분 된다. 난반사란 일반적인 물체의 반사로 물체의 표면이 고르지 않고 울퉁 불퉁한 상태에서 조사된 빛이 각각 다양한 방향으로 반사되어 나가는 것이

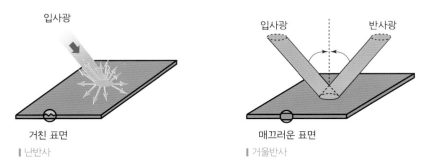

그림 2.23 난반사와 거울반사

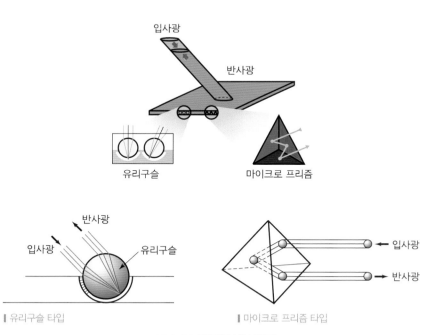

그림 2.24 재귀반사의 원리

표 2.20 재귀반사재의 등급 및 유형

구 조	등 급	유 형
캡슐렌즈형	고휘도	III
프리즘형	고휘도	IV
	초고휘도	VII
		VIII
	광각 초고휘도	IX

다. 거울반사란 빛이 거울같이 표면이 매끄러운 표면을 조사했을 때 매끄러운 표면에서 입사각과 동일한 각도로 반사되어 나가는 것이다.

재귀반사란 특정 광원으로부터 조사된 빛이 반사재에 부딪힌 뒤 다시 광원 쪽으로 되돌아가는 것이다. 재귀반사에는 유리구슬 타입과 마이크로 프리즘 타입이 있다. 유리구슬 타입은 미세한 유리구슬을 원단이나 필름 위에 균일하게 도포하여 입사광을 광원의 방향으로 똑바로 되돌리는 것이다. 마이크로 프리즘 타입은 삼각뿔 모양의 렌즈가 유리구슬과 동일한 역할을 하며 조사된 빛은 프리즘 내부의 경사면에서 차례로 굴절되어 광원과 평행한 빛으로 되돌아오는 원리이다.

재귀반사재는 구조, 등급에 따라 유형 III, IV, VII, VIII, IX로 구분하고 교통안전표지 등에 사용한다. 유형 III은 고휘도 캡슐렌즈형, IV은 고휘도 프리즘형, VII와 VIII은 초고휘도 프리즘형, IX은 광각 초고휘도 프리즘형을 말한다. 재귀반사재의 성능은 색(Color), 반사성능(Retroreflective properties), 광택도(Gloss), 내구성(Durability), 박리성(Liner removability), 접착성(Adhesion), 수축성(Shrinkage), 탄성(Flexibility), 내용재성(Solvent resistance) 등으로 평가한다.

재귀반사지의 종류에는 일반 재귀반사지, 고휘도 재귀반사지, 초고휘도 재귀반사지, 광각초고휘도 재귀반사지가 있다. 일반 재귀반사지는 미세한 유리구슬을 수지필름의 내부에 넣은 캡슐렌즈형으로 옥외광고, 차량안전표시, 건물번호판, 각종 스티커 등에 적용된다. 고휘도 재귀반사지는 수지필름의 내부에 공기층을 형성시켜 유리구슬이 공기층에 노출되도록 한 캡슐 렌즈형으로 종래의 일반 반사지보다 3배 이상의 반사성능과 내구성을 지닌 다. 그리고 초고휘도, 광각초고휘도 재귀반사지는 미세한 입방체 입자를 이 용한 프리즘형으로 고수명과 높은 반사성능이 요구되는 도로안내표지, 교 통안내표지, 도로명판, 선형유도표지, 측면표시기 등에 사용된다. 재귀반사 지 종류에 따른 성능, 사용구분과 입사각·관측각 등의 규정은 KS A 3507 (산업 및 교통안전용 재귀반사시트)에 따른다.

고시인성 안전의복의 가장 큰 특징으로 거론할 수 있는 부분이 디자인에 대한 규정이 명확하다는 것인데, 이는 착용자의 안전성과 직결되는 문제로 운전자가 착용자의 신체의 윤곽을 신속하게 인지할 수 있도록 한 것이다. 신체의 윤곽을 표현한 반사재 디자인으로 패션성과 안전성을 모두 만족시 키는 차세대 작업복에는 "시인성을 높이기 위해 신체의 윤곽에 따라 재귀 반사재를 사용한 것이 효과적이다"라는 최근 경향과도 맞닿아 있다. 이와 같은 디자인은 시인성을 높이기 위한 신체 위치(몸통, 팔, 발 등)에 재귀반 사재를 사용하여 착용자의 모든 움직임에 대해 전방위로 인식될 수 있도록 설계되어 있고, 강력한 재귀반사광으로 착용자의 존재를 알려, 안전성을 확 보할 수 있다.

이와 같은 세계적 추세에도 불구하고 국내의 작업복 현황은 대부분의 작 업현장에서 고시인성 안전의복을 착용하지 못하고 있는 것이 현실이다. 거 론되고 있는 미착용 이유로는 가격문제, 안전에 대한 불감증, 법규의 미비, 관련 제품 제조기술의 부족, 디자인의 획일성 등을 들 수 있다. 특히 작업 복이 거추장스럽고 아름답지 못하다는 점에 대해서는, 자동차 정비업체의 작업복 개발을 위한 연구(정경애, 2008), 한국철도공사 작업복에 대한 연구 (김지원 외, 2008, 2009), 건설현장 근로자의 작업복 개발(장선옥, 2005)에 서 착용자들이 기능성뿐만 아니라 심미적 디자인을 함께 요구하고 있는 것 으로도 설명이 가능하다.

또한 안전의복 관련 제품 제조기술이 부족하다는 점에서는, 기존 작업복 소재에 대한 국내규격 KS K 2612(2014)에는 조성 섬유별로 면직물(C형) 3종, 면혼방 직물(P/C형) 4종, 레이온 혼방 직물(P/R형)에 따라 분류하고 가공방법에 따라 1종(일반가공), 2종(발수가공)으로 품질기준이 구분되어 있다. 그러나 실제 산업현장에서 요구되는 안전작업복의 소재는 주로 방염 후가공 면 100% 및 면/PET 혼방소재, FR viscose rayon, modacrylic, m-aramid 및 p-aramid 등이다. 그러나 국내에서는 이러한 소재들에 대한 염색 및 후가공 기술이 미흡한 실정이고, 특히 작업복이 요구하는 산업용 세탁 조건에서 4급 이상의 세탁 견뢰도 시험 및 rainfall test를 진행할 수 있는 국내 시험기관이 없는 실정이다. 또한 국내에는 이와 관련된 기술개발 및 제품 개발은 소방 방화복 등에 주로 사용되는 m-aramid 및 p-aramid 소재 위주로 전개되고 있어 실제로 작업현장에서 널리 사용하기에는 가격부담이 크며, aramid 소재는 소재 특성상 염색 및 후가공이 어렵고, 특히 코팅기술에 대한 업체 간 편차가 크다. 따라서 산업현장에서 보다 현실적인 가격으로 널리 사용할 수 있는 제품의 개발 및 이를 위한 제품 제조 기술 개발이 시급하다 할 수 있다. 국제산업안전박람회(A + A, 2011)에 의하면 고시인성 제품은 아직 전통소재인 C/T 35:65%·50:50%, Cotton 100%, PET 100%가 주를 이루고 있다(섬유산업패션동향, 2012년 2월호). KOTITI시험연구원의 기술자료, 고시인성 면 혼방제품(2014)에 의하면 최근 일본의 면 방적업체에서도 고시인성 염색제품의 개발에 힘쓰고 있는 것으로 보고하고 있다. 재귀반사재는 고시인성 기술로서 동일한 각도의 입사각을 반사시키는 유리공 기술(glass ball technology)이 핵심이다. 미세한 유리구슬을 원단이나 필름 위에 균일하게 씌워 코팅 처리를 하는 방식으로 미세한 유리구슬이 원단을 뒤덮고 있어 물세탁 한 번에도 쉽게 훼손되고 염색이나 프린팅이 어려운 까닭이다. 때문에 국내 의복분야에서 재귀반사 소재는 반사 안전조끼 등에 부분적으로 채택되어 사용되고 있다.

2008년 코오롱 FM은 300De" PET 옥스퍼드류를 개발하여 견뢰도, 강도 등 안전의복의 기본적인 물성 조건과 함께 태양광과 자동차의 헤드라이트 조명 상태 등 2가지 조건에서 지정된 색상의 가공지가 눈에 잘 띄는 정도까지 함께 평가하는 인증제도, 위험 상황에서의 시각적 식별력을 극대화하여 인명을 보호하기 위한 안전의복 필수의 국제 규격인 EN 471을 통과하였다. 코오롱FM 대구공장 관계자는 "EN 471의 노랑과 주황은 상대적으로 쉽게 인증을 받을 수 있었지만, 빨강의 규격조건은 통과하기가 쉽지 않았다"며 EN-471이 규정하는 색상별 인증 가운데 빨강까지 전 영역을 통과한 업체는 국내에 코오롱 FM 대구공장이 유일하다고 보고하였다. 그러나 최근 3년 전까지는 해당 제품에 대한 생산 인증을 받았으나, 수요 문제로 인해 현재로는 인증 제품을 생산하고 있지는 않는 상태이다.

2012년 효성의 DURARON™ provis는 고시인성 안전의복용 원단으로서 직물, 편물 및 플리스 등의 다양한 원단이 있으며, 유럽의 EN 471 및 미국의 ANSI 107 기준을 만족하고 용도에 따라 방염 및 투습방수 기능들의 추가가 가능한 직물이다.

2013년 유니텍스가 개발한 원단인 "재귀반사 스타일(Retro Reflective Style)"은 미세한 유리구슬을 원단이나 필름 위에 균일하게 씌워 코팅 처리를 하는 방식으로, 만들어져 수십 회에 걸친 물세탁에도 반사율이나 디자인이 훼손되지 않는다. 뿐만 아니라 주로 회색 원단을 사용하는 것에서 빨강, 주황, 초록, 파랑 등 다양한 색상의 염색방법도 개발하여 특수 디지털프린팅 방식을 이용한 프린팅도 가능하다(대구신문, 2015년 10월 13일자).

일본의 고시인성 염색 소재는 합섬업체에서 중점적으로 개발하여 Toray의 BRINSTAR™, UNITIKA trading의 Protexa-HV 등 유니폼 소재로 전개되고 있으며, 공항 등 연료를 취급하는 작업자를 위한 난연소재, 고온다습한 일본 기후에 적합한 통기성 직·편물 Azek에도 SIKIBO의 고시인성 염색 기술을 적용하고 있다(KOTITI시험연구원, 2014).

국내 고시인성 안전의복에 대한 평가는 반사안전조끼 부속서 24에 준하여 실시되고 있는데, 재귀반사계수(RA)는 KS A 3507 8.3항에 따라 100 mm×100 mm 크기의 사각형 시험편으로 시험한다. 시험편에 대한

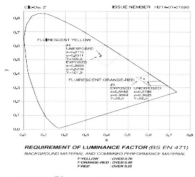

DURARON^{TM}provis 특성

DURARON^{TM}provis 사용 예

그림 2.25 효성 DURARON^{TM}provis의 특성과 사용 예
(출처: 효성 브로슈어: Classic Work Wear Fabrics)

RA은 회전각 0° 및 90°의 두 위치와 조사각 5°에서 관측각은 12°로 측정한다. 마모성, 굴곡성, 세탁 및 드라이클리닝 처리 후 관측각 12°, 조사각 5°에서 측정한 재귀반사계수가 개별성능재는 100 cd/lx m² 이상이여야 하고, 혼합성능재는 30 cd/lx m² 이상이여야 한다.

국내 고시인성 안전의복에 대한 쾌적성평가(Physiological performance)의 기준은 마련되어 있지 않다. ISO 20471에 의하면 열저항과 수증기투과저항에 대한 항목이 있으며, 싱글 및 멀티 레이어에서 수증기투과저항은 5 m² Pa/W와 같거나 작아야 한다. 만약 수증기투과저항이 5 m² Pa/W보다 크다면, ISO 1109에 의한 열저항을 측정하여 수증기투과지수(Water vapour permeability)를 확인하여야 하며, 수증기투과지수는 0.15보다 같거나 커야 한다. 열저항과 수증기투과저항의 측정은 핫플레이트와 써멀마네킨을 이용한다. 국내 써멀마네킨은 최근 소비자보호원에서도 보유하게 되어 총 6대(서울대, 인하대, 한국섬유개발원, 한국의류시험연구원, FITI시험연구원)가 있다. 의복의 열저항은 섬유상태와 병행하여 의복 형태를 갖추는 과정에서 의복의 다양한 형태를 비롯하여 의복하의 공기층, 피복면적, 개구, 공기층의 분할, 겹침 등을 고려한 유효한 방법이다. 1948년 써멀마네킨이 개발되면서 이를 이용하여 의복의 열저항을 물리적, 객관적, 반복적으로 평가할 수 있게 되었다. 온습도, 기류를 재현할 수 있는 인공기후실에서 시험의복을 써멀마네킨에 입힌 후 정지 또는 보행을 시켰을 때, 마네킨의 표면과 주위 환경 사이에 온도의 차이가 생기게 되고, 이때 마네킨의 표면온도를 유지하는데 필요한 전력공급량을 측정한다. 즉, 마네킨의 표면과 주위 환경 온도의 차이를 단위 면적당 흐르는 건열류로 나누어 열저항(Thermal resistance, Rct)을 얻는다.

$$R_{ct}(\text{m}^2\ \text{℃/W}) = (T_s - T_a)A/H$$

A: 측정면적(m^2)　　　T_s: 마네킨 표면온도(℃)

T_a: 환경온도(℃)　　　H: 전력공급량(W)

써멀마네킨의 개발은 인간의 생리적 체온조절 기능인 발한이 가능한 마네킨의 필요성을 야기시켰다. 이에 1970년 체간부 발한이 가능한 발한 써멀마네킨이 개발되면서 이를 활용하여 의복의 수증기투과저항을 물리적, 객관적, 반복적으로 평가하게 되었다. 온습도, 기류를 재현할 수 있는 인공기후실에서 시험의복을 발한 써멀마네킨에 입힌 후 정지 또는 보행을 시켰을 때, 마네킨의 표면과 주위 환경 사이에 포화수증기압의 차이가 생기게 되고, 이때 마네킨의 젖은 표면온도를 유지하는데 필요한 전력공급량을 측정한다. 즉, 마네킨의 표면과 주위 환경에서의 수증기압의 차이를 단위 면적당 흐르는 습열류로 나누어 수증기투과저항(Evaporative resistance, Ret)을 얻는다.

$$R_{et}(\text{m}^2\ \text{kPa/W}) = (P_s - P_a)A/H$$

A: 측정면적(m^2)

P_s: 마네킨 표면온도의 포화수증기압(kPa)

P_a: 환경온도의 포화수증기압(kPa)

H: 전력공급량(W)

열저항과 수증기투과저항을 동시에 나타내는 수증기투과지수(Water vapour permeability)가 있는데, 수증기투과지수, $im = 1$은 완전한 수분 투과성을 나타내고, $im = 0$은 수분 불투과성을 나타낸다. 일반적으로 의복으로 사용하는 직물의 im 범위는 0.15~0.55이다. 그리고 고시인성 안전의복의 평가규격에 의한 im의 허용범위는 $im \geq 0.15$이다.

$$im = 0.061(Rd/Re)$$

Rd: 열저항(m^2 ℃/W)　　　Re: 수증기투과저항(m^2 kPa/W)

최근에는 다양한 재귀반사재를 사용하는 안전의복에 대한 평가 수요가 급증하고 있다. 사이클복으로 주로 착용하는 컴프레션 상의와 하의류, 소방복, 안전화 등이고 국내 평가 사례를 살펴보면 다음과 같다.

사이클복으로 주로 착용하는 컴프레션 상의와 하의류 평가는 개발업체의 의뢰로 이루어지며, 평가 목적은 사이클을 하는 동안이나 후에, 착용자의 근육피로도 감소를 확인하는 것이다. 피험자 3명을 대상으로 #1~#3의 사이클복을 착용 후 30분 동안 60%VO$_{2max}$ 수준의 운동을 하는 동안 젖산농도를 측정하여 비교하였다. 결과는 #1의 젖산농도가 #2, #3에 비해 낮게 나타났다. #1 디자인을 살펴보면 시인성 효과가 예측되나 이에 대한 평가의 요구나 필요성에 대한 인식은 미비한 것이 현실이다.

▌#1　　　　　　　▌#2　　　　　　　▌#3

그림 2.26 사이클복의 인체착용평가 광경 (출처: 인하대 스포츠레저섬유연구센터)

소방복의 경우는 관련 공공기관과 개발업체의 의뢰로 이루어지며 평가목적은 열피로도와 소방작업강도를 평가하는 것이다. 소방복의 열피로도와 관련있는 열저항과 수증기투과저항 평가는 ISO 15831, 9920, ASTM 1291, 2370에 준하여 국내 개발소방복과 국외 현용소방복을 비교하였고, 작업강도 평가는 활동복과 소방복을 각각 착용 후 운동 중에 인체생리 측정항목을 비교하여 소방작업을 하는 동안에 소방복 착용자의 작업강도가 얼마나 높은지에 대해 확인하였다.

국내 개발소방복과 국외 현용소방복을 대상으로 각각의 열저항, 수증기

표 2.21 소방복의 특성

종 류	구 성	사이즈	총중량(g)
#1	상의+하의	100	2955.3
#2	상의+하의	44(상의), 36(하의) (USA)	5136.2

▌#1 국내 개발소방복

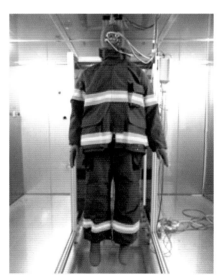

▌#2 국외 현용소방복

그림 2.27 소방복의 써멀마네킨평가 광경 (출처: 인하대 스포츠레저섬유연구센터)

투과저항을 측정하였다. 열저항은 국내 개발소방복<국외 현용소방복 순으로 그 차이는 0.76 clo로 나타났고 수증기투과저항은 국내 개발소방복이 국외 현용소방복보다 작게 나타났다.

작업강도 평가는 현역 소방관 3명을 대상으로 활동복, 소방복을 각각 착용 후 운동강도를 Ⅰ: 30%VO₂max, Ⅱ: 45%VO₂max, Ⅲ: 60%VO₂max 수준으로 증가시켜 실험을 진행하였으며, 이에 대해 직장온도, 발한량, 심박수, 에너지대사량으로 평가하였다. 결과는 운동강도가 커짐에 따라 직장온도는 평균적으로 0.5℃씩, 발한량은 40%씩 증가하였고, 특히 운동Ⅱ부터 활동복과 소방복 간에 직장온도($p < .05$)와 발한량($p < .1$) 모두에서 유의미한 차이가 나타났다. 심박수는 20%씩, 에너지대사량은 27%씩 운동강도가 커짐에 따라 증가하였고, 특히 심박수($p < .05$)는 운동Ⅰ부터, 대사량($p < .05$)은 운동 Ⅰ과 Ⅱ에서 활동복과 소방복 간에 유의미한 차이가 나타났다. 따라서 운동Ⅰ은 6.4 km/h 속도로 달리기, 운동 Ⅱ는 야구, 운동 Ⅲ는 9.7 km/h 속도로 달리기에 해당되어 소방복의 경량화, 작업하는 동안에 충분한 휴식시간 확보의 필요성 등을 제안하였다.

표 2.22 활동복과 소방복의 특성

종 류	구성	조성성분 (%)	중량 (g)
#1 활동복	활동복 양말 운동화	PET 52, PP 48 CO 100 –	823.8 38.5 603.7
#2 소방복	활동복 양말 안전화 소방복 헬멧 안전장갑 공기호흡기	PET 52, PP 48 CO 100 Leather 100 Aramid 40, PBO 40 – – –	823.8 38.5 1215.1 3373.0 1189.5 198.4 9776.2

▌활동복

▌소방복(인정기준 FIS 006)

▌헬멧(인정기준 FIS 007)

▌안전화(인정기준 FIS 008)

▌안전장갑

그림 2.28 착용한 활동복, 소방복, 안전장비들(출처: 인하대 스포츠레저섬유연구센터)

▌#1 활동복

▌#2 소방복

그림 2.29 소방복의 인체착용평가 광경(출처: 인하대 스포츠레저섬유연구센터)

국내 소방복 시인성에 관해서는 소방복 규격서(2002년 개정)에 따르며 상의는 앞뒤, 좌우에 대칭적으로 식별이 용이하게 재귀반사테이프를 부착하여야 하고, 상의 앞면은 수평형으로 가슴과 밑단부분에 부착하여야 한다. 뒷면은 수직방향으로 중앙을 기준으로 12 cm 떨어져 두줄로, 수평방향으로는 뒤품을 기준으로 하여 기관 명칭을 부착할 부분 밑과 상의 끝단에 한줄로 부착하여야 한다. 팔은 윗팔에 한줄, 아래팔에 한줄로 부착하여야 한다. 하의는 좌우 대칭형, 수평방향으로 허벅지 부분에 한줄 부착하여야 한다. 반사테이프는 주황 형광직물 또는 노랑 형광직물을 사용하고 은색 재귀반사재로 구성되어야 하는데, 너비는 5 cm 이상으로 하고 형광직물과 재귀반사재가 일체형이여야 한다. 재귀반사재 너비는 1.9 cm 이상으로 재귀반사재 부분은 연속적으로 나타나야 한다. 미국은 반사테이프의 너비가 2 inch 이상, 재귀반사테이프 너비는 0.625 inch 이상, 반사테이프의 면적이 상의는 325 cm^2 이상, 하의는 80 cm^2 이상으로 규정되어 있으나 국내소방복은 관련 규정이 없다. 또한 관측각 0.2°에서 반사성능시험 시 반사테이프는 반사성능이 250 cd/lx m^2 이상이여야 한다. 정정숙 등의 연구(2002)에 의하면 국내 소방복 반사테이프의 면적이 177 cm^{2}로 나타나 미국 규정에는 크게 미치지 못했고, 반사성능은 10~464 cd/lx m^{2}의 범위를 나타냈다. 국내에서는 필드, 실험실에서 형광직물, 재귀반사테이프의 착용평가가 전혀 이루어지지 않고 있는 실정이다. 향후 국내 소방복에서도 반사테이프의 면적을 명시할 필요성이 있고 모의 화재현장 실험을 통한 시인성 평가가 반드시 필요하다.

　산업용 안전화의 경우는 개발업체의 의뢰로 이루어지며 평가 목적은 장시간 착용에 따른 발한량을 줄이기 위한 통기성을 확인하는 평가이다. 이는 여름철 땀에 취약한 안전화에 최근 등산화에 적용하는 통기시스템을 도입하여 강제로 보행 시에 땀과 열을 배출해 쾌적함과 착용감을 향상시킨 것이다. 2종의 안전화를 착용 후 보행 중에 안전화 내부의 온습도를 측정하였는데, 온도는 1번과 2번의 발가락 사이와 발등에서, 습도는 발바닥 아치에서 확인하였다.

|#1 |#2

그림 2.30 실험에 사용한 안전화(출처 : 인하대 스포츠레저섬유연구센터)

 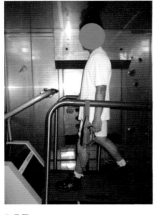

|안정 |운동

그림 2.31 안전화의 인체착용평가 광경(출처 : 인하대 스포츠레저섬유연구센터)

　결과는 보행 조건에서 안전화 내 온습도는 #1보다 #2에서 낮아졌으나 유의미한 차이는 나타나지 않았다. 국내 안전화에 대한 보호구 성능검정 규정(2003년)은 물체의 낙하, 충격 또는 날카로운 물체로 인한 위험이나 화학

약품 등으로부터 발 또는 발등을 보호하거나 감전 또는 정전기의 인체대전을 방지하기 위한 규정으로 쾌적성, 시인성 관련 항목은 명시되어 있지 않다. 향후 도로점용고사장 등 산업현장에서 착용하는 안전화에 대해 시인성을 확보할 필요가 있으며 관련 성능의 규정 마련이 필요하다.

최근에는 재귀반사재를 사용하여 인체의 외형과 형태에 따라 디자인한 실루엣 고시인성 안전의복에 주목하기 시작하였다. 이는 특히 도로 조명 등 다양한 교통환경에서 인체를 구별할 수 있는 가장 효과적인 방법으로 증명되고 있기 때문이다. 고시인성 안전의복이 왜 필요한가에 대한 질문에 대한 확실한 해답은 우리는 누구나, 언제든지 운전자인 동시에 보행자, 도로 작업자, 자전거 이용자로써 야간 자동차 조명으로부터 노출이 가능하며, 이러한 환경에서 운전자의 경우에는 시거거리를 확보할 수 있고, 운전자 외 경우에는 신체를 보호할 수 있기 때문이다. 이런 의미에서 재귀반사재의 사용 범위가 교통환경에서의 안전의복뿐만 아니라 시인성, 안전성이 요구되는 모든 분야에 확대되어 사용되기 시작하였다. 예를 들면, 사이클, 런닝 등 스포츠 종사자, 휠체어 이용자, 고령자, 어린이 등이다. 안전의복을 지속적으로 착용가능하기 위해서는 안전성을 동반한 기능성, 쾌적성, 패션성이 요구된다. 또한 가시적인 안전성 외에도 신체 피부, 호흡기에 대한 안전성도 요구되는데, 미국 환경보호국(Environmental Protection Agency: EPA, 2013)에서는 2015년까지 스포츠웨어 소재로 주로 사용해 온 인체에 유해한 PFOA(Perfluorooctanoic acid)로 분해되는 Teflon 사용을 완전히 제한하도록 하였다. PFOA는 인체와 환경에 축적되고 독성이 있다고 알려져 있어 2010년부터 세계적으로 주목하고 있는 환경오염 물질이다. 이 캠페인에는 다음의 8개의 원단 관련 생산업체가 참가하고 있다.

- Arkema
- Asahi
- BASF corporation\(successor to Ciba)
- Clariant

- Dakin
- 3M/Dyneon
- DuPont
- Solvay Solexis

국제산업안전박람회(A + A, 2015)에 의하면 노동안전과 밀접한 관계가 있는 작업복의 시장규모는 현재 2015년을 기준으로 약 2조 2400억엔이며 유럽이 9200억엔, 독일만으로도 약 1985억엔이 추정된다. 독일의 인구가 매년 감소하고 있음에도 불구하고 최근 2년 사이에 작업복 시장은 4% 증가하였고, 미국도 경제위기가 있었던 2008년과 2009년을 제외하고는 성장률이 4% 이상이다. 따라서 2020년 세계 작업복 시장 규모는 지속적으로 증가하여 약 2조 5400억엔이 될 것으로 예측하고 있다. 특히 안전에 대한 중요성이 강조되면서 실제로 안전의복의 수요 증가는 훨씬 클 전망이다.

안전보건공단(2008)의 안전화 국내 시장규모 추정에 의하면 안전화 업체 수는 120개로 공장인증이 강화된 2009년 이후에는 60개로 감소하였으나, 해외공장의 증가경향이 나타난 2013년의 해외인증은 30개로 나타났다. 연간 총 소비수량은 545만 세트로 추정되며, 현재 국내 시장 규모는 2,000억 원이고 소매를 제외한 시장 규모는 1,600억 원 규모이다. 안전관리공단에 등록된 안전화의 수량은 1,400종이며 사용자의 편의를 위해 2014년 10월부터 인증모델의 증가로 인해 동일형식의 인증범위를 확대되어 갑피 소재에 가죽 대신 일반 매시 등 직물사용이 허가되어 국내 안전화의 시장 규모는 점차 증가할 것으로 예상된다. 따라서 작업구분에 따른 안전화의 시인성 확보가 필요한 시점이다.

참고문헌

1 고용노동부, (2003), 안전화의 보호구 성능검정 규정 고시, pp 27-55.

2 국토교통부, (2012), 도로 공사장 교통관리 지침.

3 김지원, 최혜선, 류현숙, (2008), 한국철도공사 작업복에 대한 연구(제1보)- 동복 상의를 중심으로, 한국의류학회지, 33(2), pp. 308-318.

4 김지원, 최혜선, 류현숙, (2009), 한국철도공사 작업복에 대한 연구(제2보)- 동복 하의를 중심으로, 한국의류학회지, 33(2), pp. 410-419.

5 대구신문, (2015), 유니텍스 재귀반사스타일 사용 예, 2015년 10월 13일자

6 미국 환경보호국(EPA), (2013), 2010/15 스튜어트십 프로그램(PFOA 관련 제품 전과정 책임주의 프로그램).

7 안전보건공단, (2008), 보호구·방호장치 및 안전설비 시장 실태조사/활성화 방안연구 보고서.

8 안전품질표시기준, (2015), 반사안전조끼 부속서 24, 2015년 12월 30일 개정.

9 일본 노동안전위생법, (1972), 노동부령 제32호, 노동안전위생규칙.

10 장선옥, (2005), 건설현장 근로자의 작업복 개발에 관한 연구, 이화여자대학교 석사논문.

11 정정숙, 이연순, (2002), 한국 소방대원 방수피복의 소재특성에 관한 연구, 대한가정학회지, 40(5), pp. 15-24.

12 정경애, (2008), 자동차 정비업체의 작업복 개발을 위한 연구, 이화여자대학교 석사논문.

13 프랑스 도로교통법, (2015), R416-19.

14 한국섬유산업연합회, (2012), 해외 선진섬유 및 기술 동향 분석을 통한 기술 개발 수요조사, 섬유산업패션동향, 2, pp. 25-23.

15 효성, 브로슈어: Classic Work Wear Fabrics(DURARON™ provis).

16 ANSI/ISEA 107, (2010), A Quick Reference to High-Visibility Safety Apparel, American National Standards Institute/Industrial Safety Equipment Association.

17 BGI/GUV-I 8591, (2010), Warnkleidung, DGUV(독일사고보험공단, 고시인성 안전의복에 대한 매뉴얼).

18 CIE(Polychromatic illumination) No 15.2.

19 CIE(Polychromatic illumination) No 54.2.

20 EN 471, (1994), High-Visibility Warning Clothing, European Committee for Standardization.

21 EN ISO 20471, (2013), High visibility clothing-Test methods and requirements. Fristads Kansas (2015) Warnschutz.

22 GUV-R 2106, (2005), Benutzung von personlichen Schutzausrustungen im Rettungsdienst(독일사고보험공단 긴급구난업무 종사자의 개인보호장비의 사용지침).

23 GUV-I 8675, (2008), Empfehlung zur Auswahl von Feuerwehr-Schutzausrustung(독일사고보험고단 소방공무원 보호장비의 선정지침).

24 ISO 1109, (1975), Refractory products – Classification of dense shaped refractory products.

25 ISO 13688, (1998), Protective clothing – General requirements.

26 KOTITI시험연구원, (2014), 기술자료 – 고시인성 면 혼방제품.

27 KS A 3507, (2010), 산업 및 교통안전용 재귀반사시트.

28 KS K ISO 15384, (2012), 소방용 보호복.

29 KS K 2612, (2014), 작업복 감.

30 Manual Uniform Traffic Control Devices, (2003), Federal Highway Administration.

31 PSA 89/686/EWG, (1989), Richtlinie zur Angleichung der Rechtsvorschriften der Mitgliedstaaten fur personliche Schutzausrustungen(유럽연합 회원국의 개인보호장비 규정의 국제조화를 위한 지침).

32 Richtlinien für die Sicherung von Arbeitsstellen an Straßen (RSA), (1995), (독일 도로점용공사장 안전지침).

33 Safety pocket, (2003), 제151/03호 7.31.

34 StVZO, (2014), (독일 연방교통부 도로교통법 시행령).

35 3M, (2005), A quick reference to high-visibility safety apparel.

인터넷 및 사이트

1 https://de.wikipedia.org/wiki/warnweste
   (해외 차량내 야광조끼 비치의무 현황)

2 https://mmm.co.jp/ref/about/tech/tech03.html#ps-1
   (3M사 재귀반사지의 사용 예)

3 https://www.adac.de/_mmm/pdf/Warnwestenpflicht_166056.pdf
   (독일자동차보험공단 ADAC의 해외 야광조끼 비치의무 현황)

4 http://www.amazon.com
   (안전의복 인증제품 사례)

5 http://www.ebay.com
   (안전의복 인증제품 사례)

6 http://www.idot.illinois.gov/assets/uploads/files/transportation-system/manuals-
   guides-&-handbooks/t2/l032%20a%20quick%20reference%20to%20high-
   visibility%20safety%20apparel.pdf
   (3M사 고시인성 안전의복 브로슈어)

7 http://www.nissenken.or.jp
   (일본 nissenken 품질평가센터 보유장비)

8 http://www.orafol.de
   (안전의복의 설계요건)

9 http://www.sen-i-news.co.jp/seninews/viewArticle.do?data.articleId=299237&
   data.ne
   (국제산업안전박람회, 2015)

10 http://www.suva.ch
   (도로점용공사장의 작업자의 안전의복)

11 http://www.virginiadot.org/business/resources/wztc/High_Visibility_Clothing_
   Requirements_Update.pdf
   (버지니아 도로관리청 DOT 고시인성 작업복 관련)

12 http://www.ncarems.org/est/1_ATSSA%20High%20Visibility%20Apparel%20
   Choice%20Brochure.pdf
   (미국 표준 고시인성 안전의복 107 지침 관련)

CHAPTER 3

안전의복의
시인성개선 효과

3.1 야간 시인성에 영향을 미치는 요인

국제적으로 보행횡단사고의 60% 이상이 야간에 발생하며, 사망에 이른 보행자의 80% 이상은 어두운 의복을 착용한 것으로 추정하고 있다. 여름보다 겨울에 보행횡단사고의 빈도가 높은 편이다. 교통사고는 도로환경(예: 커브, 진출입로 등) 요인뿐만 아니라 통행특성(예: 교통량, 속도편차 등), 기후조건, 운전자(예: 초보운전자, 고령운전자 등) 등 15가지 이상 요인의 복합적인 작용에 의해 발생한다. 안전의복은 운전자의 주의력이나 인지가 저하되는 것을 상당부분 보정할 수 있다.

자동차의 주행사고7, 즉 단독 이탈사고의 경우는 주간이나 야간이 차이가 없으나 보행횡단사고는 야간이 주간보다 높게 발생한다. 이는 도로의 조명수준 외에도 보행자가 착용한 의복이 보행횡단사고의 위험요인으로 간주될 수 있음을 암시한다. 야간에 보행자의 시인성을 개선시킬 수 있는 요인은 가로등, 반사재, 안전의복 그리고 자동차 조명이다. 재귀반사 소재로 만든 의복은 야간에 교통상황에 노출이 큰 직무영역 근로자에게 널리 사용되고 있다. 최근에 생체동작(Bio-motion)의 감지를 위해 신체 관절 부위에 부착한 재귀반사재는 보행자 및 작업자의 시인성과 인지를 향상시키는 효과가 큰 것으로 인식되고 있다.

Tuttle 외(2008)는 안전의복의 시인성 효과에 대한 경험연구를 발표한 바 있다. 야간에 보행자의 윤곽을 제고할 수 있는 방안과 관련하여 8명의 고령운전자(성비 동일)와 4명의 청년운전자(성비 동일)를 대상으로 ANSI/ISEA 107 규격을 충족하는 야광조끼를 포함한 4종류에 대해 주야간 시인성 효과를 측정하였다.

피험자는 시속 56 km 운행속도의 소방차 좌우에 출현하는 안전의복을

---

7 교통사고원인조사 지침(국토해양부 고시 제2011- 38호)에 의거하여 교통사고는 7가지 사고형태, 주행사고(1), 진출회전사고(2), 진입회전사고(3), 보행횡단사고(4), 주정차사고(5), 일직선상사고(6), 기타사고(7)로 분류하며, 주행사고는 운전자가 차량에 대한 통제능력을 상실하여 발생, 도로 상태에 부적합한 속도를 선택하였거나 선형 또는 횡단면의 변화를 늦게 인지하여 발생한 사고로 정의한다.

착용한 보행자를 탐지하면 "소방관"이라고 큰 소리로 실험자에 알리고 실험자는 반응버튼을 누른다. 피험자 내 속성은 안전의복(4단계), 보행자 위치(2단계), 보행자 방향(2단계), 시간대(2단계)이고 독립변인의 개별조합을 2회씩 제공하였다.

결과를 살펴보면 피험자 간 속성은 연령(2단계), 성(2단계)이고 종속변인은 보행자가 최초로 탐지된 거리로 하였다. 의복유형의 효과는 통계적 유의성을 확보하지 못하였다(F(3, 444.4)< 1). 반면, 시간대에서는 유의미한 차이가 나타났다(F(1, 7.1)= 132.7, p< .001). 피험자는 보행자를 야간보다 주간에 495 m 더 먼 거리에서 탐지하였다.

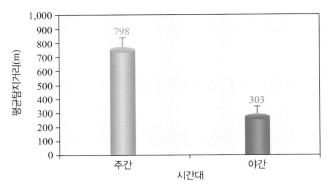

그림 3.1 주야간 보행자 탐지거리 비교(Tuttle 외, 2008)

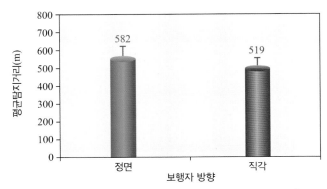

그림 3.2 접근차량과 보행자의 방향별 탐지거리 비교(Tuttle 외, 2008)

보행자의 방향 효과도 통계적 유의성을 보였다(F(1, 443.3)= 16.7, p< .001). 보행자가 접근차량을 마주보고 선 경우의 탐지거리는 582 m이고 접근차량과 직각으로 선 경우의 탐지거리는 519 m로 나타났다.

피험자 연령과 보행자의 위치 간에는 상호연관성이 있는 것으로 나타났다(F(1,15.8)= 7.0, p= .039). 청년운전자는 보행자가 좌측에 서 있는 경우 고령운전자보다 훨씬 먼 거리에서 탐지하는 것으로 나타났고, 고령운전자는 보행자가 우측에 있는 경우에 보다 잘 탐지하는 것으로 나타났다.

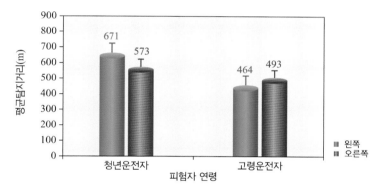

그림 3.3 보행자의 위치와 피험자 연령별 탐지거리 비교(Tuttle 외, 2008)

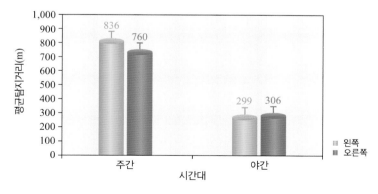

그림 3.4 보행자의 위치와 시간대별 탐지거리 비교(Tuttle 외, 2008)

시간대와 보행자의 위치 간에서도 통계적 유의성이 있었다(F(1,447.1)= 7.2, p=.007). 주간에는 보행자가 우측보다 좌측에 서 있으면 76 m 더 멀리 서 탐지할 수 있었으나 야간에는 보행자의 위치에 영향을 미치지 않았다.

시간대를 보행자의 방향과 비교한 결과에서도 통계적 유의성이 나타났다(F(1,443.2)=6.5, p=.011). 주간에는 보행자가 차량을 마주보고 선 경우가 직각으로 선 것보다 102 m 더 멀리 탐지할 수 있는 것으로 나타났다. 반면 야간에는 보행자의 방향이 탐지거리에 영향을 덜 미치는 것으로 파악되었다.

보행자의 위치와 안전의복의 유형 간에서도 통계적 유의성이 나타났다(F(3,444.0)=3.1, p=.026). ANSI/ISEA-107 야광조끼를 제외하면 보행자가 차량의 좌측에 서 있는 경우가 우측보다 더 멀리서 탐지될 수 있는 것으로 나타났다.

Tuttle 외(2008) 연구의 시사점은 주야간 조건에 따라 안전의복의 시인성이 달라질 수 있다는 것이다. 안전의복의 시인성에 영향을 미치는 가장 중요한 요소는 시간대와 보행자 방향으로 나타났다. 주간에 안전의복의 평균 탐지거리가 야간보다 훨씬 길고 접근차량을 마주보고 서 있는 보행자의 평균 탐지거리는 차량과 직각으로 서 있는 경우보다 훨씬 길다. 이러한 효과

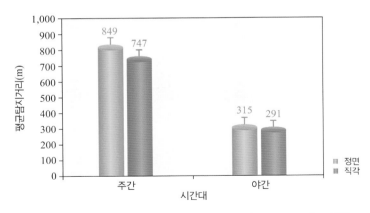

그림 3.5 보행자의 방향과 시간대별 탐지거리 비교(Tuttle 외, 2008)

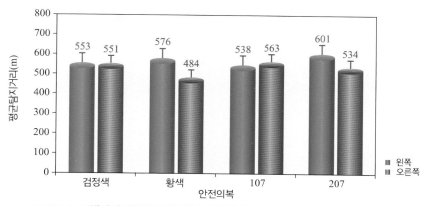

그림 3.6 보행자의 위치와 안전의복 유형별 탐지거리 비교(Tuttle 외, 2008)

는 보행자가 접근차량을 마주 본 자세에서 운전자가 재귀반사재 또는 형광
재료를 더 잘 볼 수 있다는 것을 의미한다.

　야간 시 자동차의 주행빔(상향등) 및 변환빔(하향등)이 보행자의 의복 종
류에 따라 보행자의 시인성에 미치는 효과를 체계적으로 연구한 사례로
Wood 외(2003)의 연구를 들 수 있다.

　Wood 등은 시각차(Parallax)를 측정하는 장치를 이용하여 20명의 청년 및
고령운전자를 대상으로 야간에 차로가 폐쇄된 실험구간을 주행하면서 보행
자를 인식할 때마다 버튼을 눌러 인지거리(Recognition distance)를 측정하
였다. 보행자는 검정색, 흰색, 재귀반사재 패널이 부착된 의복 그리고 생체
동작(Bio-motion) 의복 등 4종류의 의복을 착용하고 주행빔(상향등) 조건과
변환빔(하향등) 조건에 노출시켰다. 검정색 상의 반사율은 2%, 흰색 상의
반사율은 68%이고 재귀반사재 패널 크기는 30 cm×17.5 cm(525 cm²), 생체
동작 의복의 손목, 팔꿈치, 어깨, 허리, 무릎과 발목을 두르는 재귀반사재 스
트랩의 크기는 2.5 cm이다.

　2명의 보행자는 어깨 길(Shoulder)의 상이한 지점에 배치하였다. 첫 번째
보행자는 실험구간의 끝단에(무조명 조건), 두 번째 보행자는 반대차로의
어깨 길에 배치하여 조명등 후방조건(조명 조건)을 형성하였는데 이는 대

항차로의 자동차 주행빔 효과를 모사하기 위함이다. 실험구간의 시각적 편향(Visual clutters)을 고려하여 50개의 재귀반사재가 도장된 교통콘을 설치하였다. 운전자가 보행자를 인지 시, 반응버튼을 누르면 실험차량과 가장 가까운 교통콘 간 거리를 측정하고 사전에 정의된 교통콘과 보행자 간 거리로 운전자의 반응거리를 추정하였으며, 조명 조건과 조명을 받지 않은 조건에서 실시하였다. 운전자의 인지거리는 운전자의 반응거리에 운전자가 반응시간동안 주행한 거리를 합한 거리로 정의하였다.

보행자의복, 조명조건, 운전자연령에 따라 보행자의 존재를 제대로 인지한 운전자의 반응거리를 측정한 결과, 흰색과 재귀반사재 의복 간에는 차이가 없었고 흰색 의복에서는 청년운전자의 97.5%, 고령운전의 70%가 보행자를 인지하였고 검정색과 비교하여 운전자의 인지거리는 25배 향상되었다. 마찬가지로 생체동작 의복 조건에서 운전자의 인지거리는 검정색에 비해 52배 향상효과가 있는 것으로 나타났다.

운전자의 인지거리를 측정한 결과, 변환빔 조건에서 보행자가 재귀반사재 의복을 착용한 경우 청년운전자는 76.5 m 전방에서, 보행자가 검은색 의복을 착용한 경우 13 m 전방에서 각각 보행자를 인지할 수 있었다. 반사재 여부가 운전자의 인지거리를 적어도 50 m 더 확보해주는 것으로 나타났다.

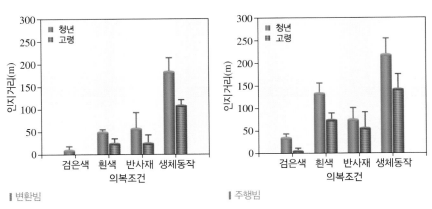

그림 3.7 주행빔 및 변환빔 조건에서 의복유형별 운전자의 인지거리(Wood 외, 2003)

반면 주행빔 조건에서는 보행자가 흰색 의복을 착용할 시 반사재 의복보다 인지거리가 훨씬 길어지는 것으로 나타났다. 변환빔에서 주행빔으로 전환하면 보행자의 인지거리를 평균 59 m에서 94 m까지 확장할 수 있고 검정색과 비교하여 3.5배 향상효과를 기대할 수 있다.

고령운전자의 인지거리는 청년운전자의 58%에 불과하였다. 이는 야간에 보행자 및 작업자를 인지하는 것이 고령운전자에게 훨씬 부담되는 것으로 볼 수 있고, 검정색 의복 위에 재귀반사재 조끼를 착용하는 것만으로는 보행자의 시인성을 개선하지 못하는 것으로 나타났다. 그러나 조명이나 연령특성과 무관하게 생체동작을 표출하는 재귀반사재 의복을 보행자가 착용한 경우의 인지거리가 가장 길었다. 즉, 보행자 또는 작업자의 생체동작을 운전자에게 표출한다면 특히 고령운전자가 적시에 인지하여 정지할 수 있다는 것이다. 또한 고시인성 안전의복의 설계에 노안(예: 황반변성, 녹내장 등) 등 부분적 시각장애(Partially visual impairment) 운전자의 특성을 고려하여 생체동작의 인지능력을 향상시킬 수 있는 방향으로 진행될 필요성이 있다.

회귀분석 결과를 보면, 보행자의 인지율에 영향을 미치는 요인으로 보행자의 의복유형, 운전자의 연령이 매우 중요한 것으로 나타났다. 검정색 의복을 착용한 보행자가 조명을 받은 상태에서 변환빔을 켜고 운행한 경우, 운전자는 보행자를 거의 인지하지 못하는 것으로 나타났다. 보행자가 검정색 의복을 착용한 경우 청년운전자는 52.5%, 고령운전자는 15%만 보행자를 인지하였다. 동일한 조명조건에서 보행자가 흰색 의복을 입은 경우의 인지율이 재귀반사재 의복보다 높은 것으로 나타났다. 재귀반사재 의복을 착용한 경우, 청년운전자는 보행자의 80%를 인지한 반면, 고령운전자는 30~50%를 인지하는 것으로 나타났다.

재귀반사재를 부착한 생체동작 의복을 착용한 경우 청년운전자는 보행자의 100%, 고령운전자는 75%를 인지할 수 있었다. 이와 같이 재귀반사재 의복보다는 생체동작을 표출할 수 있는 안전의복이 보행자나 작업자의 사고예방에 훨씬 효과적일 수 있다는 것은 향후 교통부문 종사자의 안전의복 설계기준 개발 및 보급정책이 변경될 필요성을 보여준다.

기존의 야간사고 예방대책이 가로등 조도, 주행빔 개선이나 운전자 안전 지원 시스템(Advanced driver assistance systems, 약칭 ADAS)[8] 기술개발 등

표 3.1 조명조건에서 의복유형별 인지율(Wood 외, 2003) (단위: %)

• 청년운전자

	검은색	흰색	재귀반사재	생체동작	평균
변환빔	0	90	80	100	67.5
주행빔	50	100	80	100	82.5

• 고령운전자

	검은색	흰색	재귀반사재	생체동작	평균
변환빔	10	60	30	70	42.5
주행빔	20	60	50	80	52.5

표 3.2 무조명조건에서 의복유형별 보행자 인식률(Wood 외, 2003) (단위: %)

• 청년운전자

	검은색	흰색	재귀반사재	생체동작	평균
변환빔	70	100	90	100	90
주행빔	90	100	100	100	97.5

• 고령운전자

	검은색	흰색	재귀반사재	생체동작	평균
변환빔	10	70	30	100	52.5
주행빔	20	90	50	100	65

---

8   ADAS 상용기술은 차량안전성제어(ESC), 차간거리유지(ACC), 차선이탈경보(LDWS), 긴급자동제동 (AEB), 차로유지지원(LKAS), 공기압경고(TPMS), 사각지역감시(BSD), 졸음운전방지, 알코올인터락 (Alcohol-Interlock), 긴급구난체계(e-Call) 등 다양하며, 안전장치 장착에 따른 운전자의 운전행태 정보 를 활용한 보험료 할증·할인 특약상품((Usage Based Insurance, 약칭 UBI))이 출시되고 있다. 국내는 관주도 교통안전대책의 일환으로 주행거리, 안전교육 등을 연계한 UBI 상품을 일부 보험사에서 운영하 고 있으나 할증이 적용되지 않기 때문에 엄밀한 의미에서 UBI 범주에 포함되지 않는다.

초기투자 및 유지보수비의 부담이 큰 반면, 보행자의 대비효과를 높일 수 있는 안전의복의 개발은 비용관점에서 가장 효과적인 사고예방대책이라 할 수 있다.

전술한 보행자의 주요 관절 부위(발목, 무릎, 허리, 어깨, 팔꿈치, 손목 등)에 재귀반사 소재로 처리한 생체동작의 감지가 가능한 안전의복이 주목을 받고 있다. 이와 관련하여서는 Owens 등(1994)이 처음으로 생체동작을 시각화하는 것이 야간의 보행자 시인성을 혁신적으로 개선시킬 수 있다고 주장한 바 있다. 그러나 생체동작의 시거효과에 대한 체계적인 실험연구는 매우 부족한 실정이다. 마찬가지로 의복의 휘도와 자동차 주행빔에 대한 보행자의 주관적 중요도를 계량화하기 위한 실제 도로에서의 실험방법론도 정립되어 있지 못하다.

이에 Wood 등(2015)은 관련문헌에 대한 메타분석을 수행하였는데, 보행자가 생체동작 의복을 착용한 경우 재귀반사재 상의에 비해 운전자의 인지거리가 43 m에서 148 m로 3.4배 향상되는 것으로 추정하였다. 즉, 재귀반사재의 면적보다는 배치와 구성방식이 운전자의 인지거리 향상에 기여할 수 있다. 마찬가지로 자전거 이용자의 발목과 무릎에 부착한 생체동작 표지는 재귀반사재 상의에 비해 인지거리 향상효과가 훨씬 높은 것으로 보고되고 있다. 또한 다른 유형의 의복과 달리 생체동작 의복의 인지거리 향상효과는 운전자의 연령에 영향을 받지 않는다.

다른 한편으로, Tyrrell 등(2003)은 운전자의 시각이 아니라 보행자의 관점에서 야간의 시인성에 대한 평가를 체계적으로 관찰하였다.

실험차량이 시속 60 km로 통과 시 청년보행자와 고령보행자로 나누어 운전자가 자신을 인지한 시점을 반응버튼으로 체크하도록 하였다. 종속변인은 운전자가 보행자를 인지했다고 생각하는 시점에 보행자가 반응버튼을 눌러 주관적으로 추정한 인지거리 내지는 보행자와 실험차량 간 탐지거리로 정의하였다.

결과를 살펴보면, 보행자가 추정한 평균 인지거리는 135.1 m로 나타났다. 보행자의 주관적 인지거리 추정에 있어 주행빔 조건이 30%를, 보행자의 의복이 5.9%를 설명하는 것으로 분석되었다. 보행자의 연령은 주관적 인지거리 추정에 차이가 나타나지 않았다. 변환빔 조건에서는 평균 89.4 m인 반면 주행빔 조건에서는 평균 180.9 m로 나타났고, 검정색 의복 착용 시 89.9 m, 흰색 의복 착용 시 158.2 m로 인지거리에 상당한 편차를 보였다. 즉, 보행자는 추정 인지거리를 과대평가한 반면, 반사재 의복이나 생체동작의 인지를 촉진하는 재귀반사재 생체동작 의복 착용 시의 시인성 개선 효과를 평가 절하한 것으로 나타났다. 이는 추정 인지거리에 영향을 미치는 요인으로 의복의 휘도, 자동차의 주행빔 수준, 보행자의 연령의 효과를 체계적으로 관찰한 사례로 보행자 추정 인지거리의 과대평가와 의복 휘도에 대한 과소평가가 동시에 존재하는 것으로 나타났다. 따라서 보행자에게 야간의 보행자 시인성 문제의 심각성에 대한 이해가 부족하고, 특히 야간 시인성을 향상시킬 수 있는 안전의복의 가치에 대한 인식의 제고가 필요하다

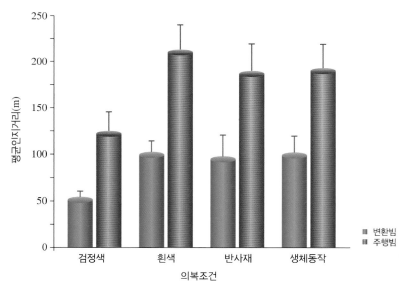

그림 3.8 의복조건별 보행자가 추정한 인지거리 (Tyrrell 외, 2003)

는 것을 나타낸다. 예컨대 검정색 의복에 비해 생체동작을 반사재로 표출한 의복의 시인성 개선 효과가 실제로는 1194.2%이지만 보행자는 64.2% 향상되는 것으로 추정하였다. 특히 반사재 소재로 제작된 의복과 비교하여 생체동작을 반사재로 마감한 의복의 인지거리는 실제로는 3배 이상 차이가 있으나 보행자는 시인성 개선 효과가 동일한 것으로 간주하였다. 보행자는 자신의 착용의복이 운전자가 야간 인지거리를 추정하는데 5.9% 설명할 수 있다고 인식한 반면에, 운전자는 보행자의 착용의복이 운전자의 야간 인지거리 추정 시 41.8% 설명력을 갖는다고 생각하는 것으로 나타났다. 보행자가 자신이 착용한 의복의 휘도에 대한 안전편익을 평가절하하는 것은 심각한 교통안전문제로 인식하여야 한다. 왜냐하면 보행자의 야간 시인성에 대한 편견이나 오만은 보행횡단사고의 발생빈도와 심각성을 높일 수 있기 때문이다. 따라서 보행자를 대상으로 야간 운전자의 시각적 능력의 제한에 대한 이해력을 높일 필요가 있으며, 고시인성 안전의복의 편익을 이해하고

표 3.3 의복조건 변화에 따른 보행자 추정거리와 실제거리 비교(Tyrrell 외, 2003)

구 분	보행자 추정	실제 효과
검정색 의복 → 흰색 의복	76.0%	470.5%
검정색 의복 → 반사재 의복	60.9%	334.8%
검정색 의복 → 생체동작 반사의복	64.2%	1194.2%
흰색 의복 → 생체동작 반사의복	−6.7%	126.8%
반사재 의복 → 생체동작 반사의복	2.0%	197.7%
반사재 의복 → 흰색 의복	9.3%	31.2%
변환빔 → 주행빔	102.0%	57.7%

표 3.4 의복 및 전조등 변인의 설명력 비교(Tyrrell 외, 2003)

구 분	보행자 추정	실제 효과
착용의복 변인	5.9%	41.8%
전조등 변인	30.0%	5.6%

자발적인 고시인성 안전의복 착용문화를 만들어가는 방향으로 교통안전교육 및 캠페인전략이 보완 및 개발될 필요가 있다.

3.2 시인성과 인지반응시간의 관계

작업자 및 보행자 의복의 시인성을 개선한다면 공사장 안전사고 및 보행 횡단사고의 발생확률을 낮출 수 있다. 점차 반사재 제품이 시인성 향상효과가 있고 안전의복의 일부로 인식이 확대되고 있다. 예컨대, 긴급구난서비스, 긴급출동서비스, 도로공사, 환경미화, 안전점검 등의 직무영역에서는 안전의복이 사고위험도를 감소시킨다는 경험이 축적되고 있다. 이러한 직무영역에서는 안전의복의 착용이 의무화되어 있고 자연스럽게 받아들여지고 있는 것이다.

우리는 도로교통의 90%에 해당하는 정보를 시각을 통해 습득한다. 이러한 시각적 정보습득 능력은 야간에는 주간의 5% 수준으로 하락한다. 반사재가 없다면 야간에는 작업자와 보행자를 30 m까지 근접해야 겨우 인지할 수 있다.

운전자가 평균 시속 95 km 주행 시 전방 장해물을 인지하여 적절한 제동

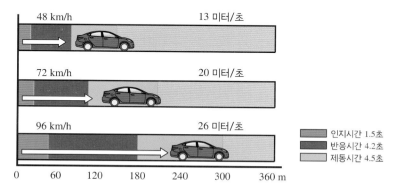

그림 3.9 인지반응시간(출처: www.uv-bund.de)

행위를 수행하는 시점 전 필요한 정지거리는 335 m 정도이다. 만약에 야간에 작업자나 보행자가 안전의복을 착용하지 않고 백색계열 셔츠를 입었다면 운전자는 90 m 전방에서 작업자나 보행자를 인지하기 시작하기 때문에 필요한 정지거리의 27%에 불과하여 치명적인 결과를 가져올 수 있다(미국 Illinois 도로관리청 DOT). 안전의복은 도로교통 종사자의 시인성 확보를

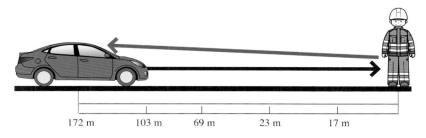

172 m   103 m   69 m   23 m   17 m

그림 3.10 고시인성 안전의복의 시인성 개선효과(출처 : www.uv-bund.de)

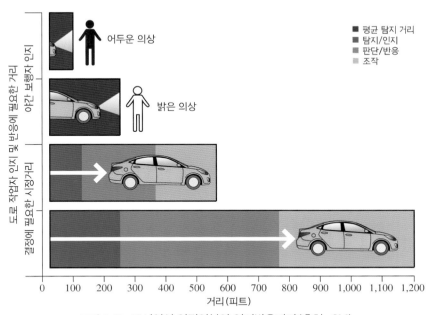

그림 3.11 고시인성 안전의복의 인지반응거리(출처 : 3M)

위한 필수요건이다. 주간 시인성 확보는 안전의복의 형광직물을 통해, 야간 시인성은 재귀반사 소재를 통해 확보한다. 안전의복을 착용하면 재귀반사의 효과는 30 m에서 160 m까지 연장될 수 있다(독일 사고보험단체 UVB).

교통약자의 시각적 인지시스템, 모빌리티 환경의 시각적 자극(예: 도로표지, 신호기, 광고판, 차량의 색상 등)과 이용자 의복색상의 시인성, 위험자극의 판별과 인지반응속도, 회색계열 의복 착용 시 야간에 운전자가 작업자나 보행자를 인식하는 거리는 30 m 내이므로 주행빔 조건 시 전방 160 m까지 보행자를 인식할 수 있는 반사재 성능에 대한 기준 등 다각적인 연구가 국제적으로 진행되고 있다.

의복의 휘도와 형태에 따라 작업자나 보행자의 평균 인지거리는 65 m 정도이다. 인지거리를 정지거리와 연관하여 보면, 작업자나 보행자는 야간 시인성 조건에서 운전자에 의해 적시에 인지되지 못하는 문제점이 있다. 시속 100 km 주행을 하는 승용차 운전자가 주의력을 갖고 있고, 노면이 건조하고 미끄럼방지포장이 되어 있다면 정지거리는 최소 91 m에서 최대 138 m까지 예상할 수 있다(Lachenmayr, 1995; Leibowitz et al, 1998).[9]

3.3 의복유형과 시인성

2013년부터 효력이 발생한 EN ISO 20471은 360° 시인성 개선을 위한 설계에 대한 요구사항을 담고 있다. 조끼와 재킷은 앞과 옆이 트여있지 않아야 하며, 이는 작업자가 360° 어느 방향에서도 인지될 수 있어야 하기

---

9 정지거리(SD)는 반응거리(RD)와 제동거리(BD)의 합으로 구하는데, 정지거리(미터)는 운전자가 장애물을 탐지한 시점부터 차량이 정지하는 시점까지 운행한 거리를 의미한다. 반응거리는 운전자가 브레이크 페달에 발을 대기까지 반응한 시간(통상 1초 감안)에 운행한 거리를 말한다. 제동거리는 차량이 제동을 시작하여 완전히 멈출 때까지 운행한 거리를 의미한다. 계산식은 아래와 같다.

$$RD = \frac{\text{속도}(km/h) \cdot 3}{10}, \quad BD = \left(\frac{\text{속도}(km/h)}{10}\right)^2$$

시속 운행거리(km/h)를 초당 운행거리(m/s)의 환산식은 다음과 같다.

$$m/s = \frac{km/h}{3.6}$$

때문이다. 작업자나 보행자에 대한 시인성 결함은 인명사고의 주요 원인으로 인식되고 있다. 안전의복은 주간에는 형광색상 표면이 입사 광선을 이용하여 더욱 밝게 빛나고 자외선은 형광에 의해 가시광선으로 변환된다. 특히 해질녘이나 흐린 날씨와 같은 단파장 채광조건에서 그 기능이 두드러진다. 야간에는 재귀반사 소재가 입사광선을 광원방향으로 반사한다. 고시인성 안전의복에서 경고기능의 최적화를 위해 운전자는 광원에 가까이 있어야 하고, 차량의 경우 주행빔이 그 역할을 수행한다.

2013년 독일사고보험공단(DGUV), 독일손해보험협회(GDV), 독일연방교통부(BMVI), 독일교통안전위원회(DVR)는 공동으로 상이한 의복조건의 보행자를 운전자가 얼마나 잘 인지하는지에 대한 현장실험을 수행한 바 있다(Mewes et al, 2014). 의복조건은 ① 어두운 색상의 의복, ② 가슴 부위에 반사스티커를 부착한 긴팔셔츠, ③ 팔과 몸통에 신체 윤곽을 재귀반사 소재로 처리한 점퍼, ④ 재귀반사 원사 소재의 조끼, ⑤ DIN EN ISO 20471 기준의 안전의복, ⑥ 재귀반사 소재가 제거되고 형광직물로만 제작된 안전의복 등 6종이다.

20~73세, 27명의 운전자(남성 12명, 여성 15명)에게는 사전에 실험목적을 알리지 않고 베를린 도심의 정해진 도로구간을 운행하면서 6종의 상이

표 3.5 실험에 사용된 의복조건의 특성(Mewes et al., 2014)

	①	②	③	④	⑤	⑥
반사도(%)	1.4	1.4	1.7	–	78.5	78.5
반사재면적(cm^2)	–	15	600	2500	700	–
재귀반사계수 ($cd/lx \ m^2$)	–	64	468	60	468	–

한 상의를 착용한 보행자에 대한 시인성을 평가하기 위해 운전자의 눈동자를 관찰 추적하였다. 운행구간은 조명시설이 양호한 양방향 2차선의 도시부도로, 통행량이 적은 주거지역도로, 조명시설이 불량한 지방부도로의 3개 조건이고 평균 주행속도는 50 km/h이다. 각 운행구간의 3개 지점에서 6종의 상의를 착용한 보행자가 차량전면을 향해 서 있도록 하였고, 운전자에게는 보행자를 인지하는 즉시 실험자에게 알리도록 하였다. 이에 안구운동측정기를 사용하여 운전자의 동공활동을 기록하였는데 시나리오카메라는 운전자의 동공을 촬영하였고 시나리오카메라와 동공카메라 간 상충을 기록하면서 어느 상의의 보행자를 보고 운전자가 얼마나 자주, 오랫동안 시선을 고정하는지를 관찰하여 평균 탐지거리의 최저치와 최고치를 확보하였다.

결과는 다음과 같다. 어두운 색상계열 의복의 반사도는 1.4%에 불과하지만 국제기준을 충족하는 고시인성 안전의복의 반사도는 78.5%이다. 적정한 고시인성 안전의복의 전면 반사재 면적은 700 cm^2, 재귀반사계수는 468 cd/lx m^{2}이다. 신체윤곽만 반사 소재로 처리한 점퍼, 재귀반사 원사 소재로 제작된 조끼, 국제기준에 부합하는 안전의복의 3종이 야간 운전자의 시인성을 개선하는데 도움을 줄 수 있는 것으로 나타났다. 반면 반사스티커를 부착한 의복의 경우는 어두운 색상 의복의 반사도 결과에서도 차이

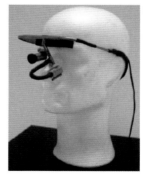

그림 3.12 실험에 사용한 안구운동 측정기기(Mewes et al., 2014)

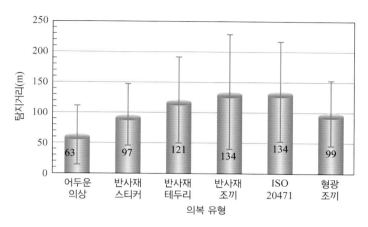

그림 3.13 의복조건별 탐지거리 비교(Mewes et al., 2014)

가 없었던 것과 마찬가지로 운전자의 시인성 개선효과가 경미한 것으로 나타났다. 이는 아웃도어 의복에 반사재로 만든 브랜드 로고나 스티커를 부착하는 것은 안전을 호도할 수 있고 결코 안전성을 보장해 주지 않는다고 설명할 수 있다. 조도가 양호한 도시부도로라 하더라도 어떠한 모양이나 크기의 반사재 스티커는 보행자의 탐지나 인지에 효과적이지 않다.

의복별 탐지거리[10]를 비교한 결과에서는 시속 50 km 운행속도 조건에서 어두운 색상의 의복을 착용한 보행자에 대한 탐지거리는 63 m에 불과하였다. 반면 국제기준의 안전의복을 착용한 보행자에 대한 탐지거리는 134 m로 시인성이 30% 이상 개선되는 것으로 나타났다.

도로유형별 탐지거리를 비교한 결과에서는 교통량이 적은 지방부도로나 주거지역도로가 조도수준이 높고 교통량이 많은 도시부도로보다 보행자를 탐지할 확률이 높은 것으로 나타났다. 조도수준과 통행특성 등 탐지조건, 보행자의 출현에 대한 운전자의 예측수준이 보행자의 탐지시점에 영향을 미칠 수 있다. 예컨대, 지방부도로에서 보행자가 어두운 색상의 의복을 착용한다면 운전자가 보행자를 탐지하는 시점이 늦어질 수 있다. 그러나 보

---

10 탐지(Detection)는 대상체를 발견하였으나 대상체가 무엇인지 인식되지 않은 감각상태를 의미한다.

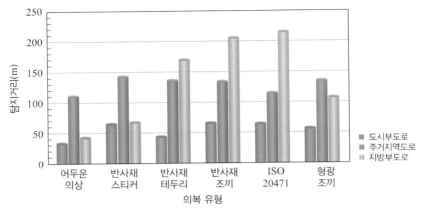

그림 3.14 도로유형별 탐지거리 비교(Mewes et al., 2014)

행자가 국제기준을 충족하는 안전의복을 착용한 경우에는 도시부도로보다 지방부도로에서 운전자가 보행자를 인지할 확률이 높아진다.

도로유형별 인지거리11를 보면, 조명이 양호한 그러나 교통량이 많고 복잡한 도시부도로보다 교통량이 많지 않은 지방부도로나 한적한 주거지역도로의 인지거리가 훨씬 긴 것으로 나타나, 보행자의 출현장소 또한 운전자 시인성에 영향을 미칠 수 있는 것으로 나타났다.

이와 같이 운전자의 안구운동측정을 통해 야간 도로상황에서 의복의 시인성에 영향을 미치는 요소를 규명하는 연구로 재귀반사 소재로 구성된 의복이 도로상황에서 작업자나 보행자의 시인성을 개선하고 교통사고를 줄이는 효과가 있다는 것을 실험적으로 검증하였다.

도로의 조도수준이나 교통밀도도 보행자 및 작업자의 존재를 인지하는 데에 상당한 영향을 미칠 수 있다. 예컨대, 폭우, 안개, 눈 등 날씨 여건이 불량하거나, 보행자나 작업자가 도로변에서 지속적으로 움직일 경우 운전자의 인지가 어떻게 변화하는지, 더 나아가 시인성조건 또는 동작조건의 변경 시 보행자나 작업자의 의복을 어떻게 탐지 혹은 인지하게 되는지, 어

---

11 인지(Cognition)는 대상체의 유형을 판별하고 구체행위를 실행하기 전의 감각상태를 의미한다.

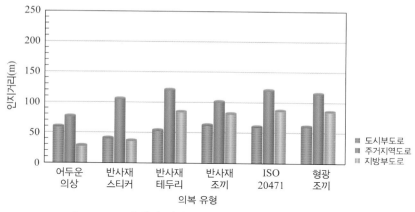

그림 3.15 도로유형별 인지거리 비교(Mewes et al., 2014)

떠한 의복유형이 환경변화에 가장 잘 대응할 수 있는지 등은 지속적인 경험연구를 요구한다.

의복(신체)의 윤곽을 재귀반사 소재로 다양하게 디자인하는 것은 고시인성 안전의복 연구개발의 대상이었다. 그러나 재귀반사 소재를 의복의 가슴이나 등부위에 국한하는 것은 바람직하지 않다. 의복의 소매, 몸통 등 다양한 부위에서의 반사 소재 설계가 탐지 및 인지거리에 미치는 영향에 대한 체계적인 실험연구가 필요하다. 특히 작업행위의 동작을 반사재로 표출하여 의복을 착용한 작업자의 직무특성을 인지하고 이해시킬 수 있는 새로운

그림 3.16 야간 보행자시인성을 위한 생체동작 안전의복(출처: Wood 외, 2015)

유형의 안전의복의 개발도 필요한 시점이다.

생체동작의 효과는 1970년대에 생리심리연구가 동작감각연구로 확장되면서 시작되었다. 보행자의 발목, 무릎, 어깨, 허리, 팔꿈치, 손목 등 신체관절에 점등(Point-light) 또는 재귀반사 표지(Retro-reflective marker)를 부착하여 자동차의 주행빔을 비추어 운전자가 보행자의 인체의 형상을 얼마나 인지할 수 있는지에 대한 연구가 진행되고 있다. 더 나아가 생체동작 정보를 통해 보행자의 성별, 정서, 체중 등 보행자의 특성을 파악할 수 있는 것으로 보고되었다(Cutting & Kozlowski, 1977; Cutting, 1978; Shiffrar et al. 1997). 이러한 결과는 안전의복의 재귀반사 소재의 형태와 배치에 대한 새로운 관점을 제시할 수 있다.

예컨대, 자동차의 변환빔 이용 시 운전자가 생체동작 반사표지를 부착한 안전의복을 착용한 보행자를 인지하는 거리는 148 m로 일반적인 재귀반사 소재가 부착된 안전의복을 착용한 보행자의 인지거리(43 m)에 비해 3.4배 시인성 효과가 향상된 것으로 보고하였다(Tyrrell et al., 2003; Wood et al., 2003). 이는 안전의복에서 재귀반사 소재의 크기가 중요한 요소가 아니라 배치 혹은 구성(Configuration) 요소가 훨씬 시인성 개선에 도움이 될 수 있다는 것을 암시한다.

한편, 생체동작 구성의 시각화 효과는 운전자의 연령(Wood et al., 2003), 시각장애여부(Wood et al, 2010) 등과 무관한 것으로 보고되었다. 실제 도로에서 수행된 연구에서도, 생체동작표지의 안전의복을 착용한 도로점용공사장 작업자를 인지할 수 있는 확률이 높아지는 것으로 나타났다(Wood et al., 2011). 일반적인 고시인성 안전의복보다 생체동작표지를 부착한 안전의복은 특히 운전자가 고령이거나 노인질환(예: 황반변성, 녹내장)의 형태로 시각장애를 가진 경우 저조도 조건에서 특히 효과적일 수 있다. 향후 재귀반사재 표지는 관절 부위에 배치하여 작업 움직임에 따라 착용자의 형태를 운전자가 쉽게 인지할 수 있도록 하는 제품 개발이 필요하며, 이에 따른 국가표준 마련도 필요하다.

참고문헌

1   ANSI/ISEA 107, (2010), A Quick Reference to High-Visibility Safety Apparel, American National Standards Institute/Industrial Safety Equipment Association.

2   Cutting, J. E., Kozlowski, L. T., (1977), Recognizing friends by their walk : Gait perception without familarity cues, Bulletin of the Psychonomic Society, Vol. 9(5), pp. 353-356.

3   Cutting, J. E., (1978), Generation of synthetic male and female walkers through manipulation of a biomechanical invariant, Perception, Vol. 7, pp. 393-405.

4   EN ISO 20471, (2013), High visibility clothing-Test methods and requirements.

5   Lachenmayr, B., (1995), Sehen und gesehen werden : Sicher unterwegs im Strassenverkehr, Shaker Verlag.

6   Leibowitz, H. W., Owens, D. A., Tyrrell, R. A., (1998), The assured clear distance ahead rule : Implications for nighttime traffic safety and the law, Accident Analysis and Prevention 30, pp. 93-99.

7   Mewes, D., Walther, C., Augustin, S., Böhm M., Paridon, H., (2014), Sichtbarkeit von Verkehrsteilnehmern, Technische Sicherheit Bd. 4, Nr. 3.

8   Owens, D. A., Antonoff, R. J., Francis, E. L., (1994), Biological motion and nighttime pedestrian conspicuity, Human Factors, Vol. 36, pp. 718-732.

9   Shiffrar, M., Lichtey, L., Chatterjee, S. H., (1977), The perception of biological motion across apertures, Perception & Psychophysics, 59(1), pp. 51-59.

10 Tuttle, S., Sayer, J., Buonarosa, M., (2008), The conspicuity of first-responder safety garments, Report No. UMTRI-2008-4.

11 Tyrrell, R. A., Wood, J. M., Carberry, T. P., (2003), On-Road Measures of Pedestrians' Estimates of Their Own Nighttime Visibility: Effects of Clothing, Beam, and Age, Annual Meeting of the Transportation Research Board, CD-ROM.

12 Wood, J. M., Tyrrell, R. A., Carberry, T. P., (2003), Pedestrian Visibility at Night: Effects of Pedestrian Clothing, Driver Age, and Headlamp Beam Setting, Annual Meeting of the Transportation Research Board, CD-ROM.

13 Wood, J. M., Tyrrell, R. A., Marszalek, R. P., Lacherez, P. F., Carberry, T. P., Chu, B. S., King, M. J., (2010), Cyclist visibility at night : perceptions of visibility do not necessarily match reality, Journal of the Australasian College of Road Safety, 21(3), pp. 56-60.

14 Wood, J. M., Tyrrell, R. A., Marszalek, R., Lacherez, P., Chaparro, A., Britt, T. W., (2011), Using biological motion to enhance the conspicuity of roadway workers, Accident Analysis & Prevention, 43, pp. 1036-41.

15 Wood, J., Cliff, D., Burgess-Limerick, R., (2015), Translating road safety research on night-time visibility to the context of mining, 15th Coal Operator' Conference, pp 312-315.

인터넷 및 사이트

1 http://www.uv-bund.de.
(인지반응시간, 시인성 개선 효과)

2 http://www.deutsche-handwerks-zeitung.de/sicherheit-bei-neuer-norm-fuer-warnkleidung/150/3096/259175.
(야간 고시인성 안전의복 관련)

3 http://ltap.colorado.edu/docs/WZ%20Awareness%20Booklet_Online.pdf.
(콜로라도 도로관리청 DOT 도로 공사장에 대한 운전자와 작업자의 안전수칙)

CHAPTER 4

안전의복의
위험도 평가

안전의복은 안전화, 안전모자, 안전장갑을 포괄하는 개념으로 개인 보호 장비(PPE)의 요소로 정의되며, 여기에는 청각, 시각, 목부위 등을 위한 보호 장비를 모두 포함한다. 안전의복을 선택하거나 사용하기 전에 사용자 및 전문가는 안전의복 착용환경에 대한 위험성을 판단하여야 한다. 대부분의 유럽국가에서는 노동법 내지는 산업안전보건법에 위험도 평가에 대한 근거를 마련하고 있다. 이는 사용자에게는 안전배려의 의무를 근로자에게는 주의의무를 부가하고 있는 것이다. 안전배려의 의무 가운데에는 위험성 평가의무가 있는데 이는 사용자가 작업장에서 업무를 수행하는 근로자의 건강과 안전을 위해 위험요소를 파악하여 평가할 의무이다. 이를 근거로 하여 안전의복 착용환경에 따라 근로자의 위험수준의 유형과 규모를 평가하는 것은 물론이고 근로자의 직무조건과 신체적 특징까지도 고려사항으로 권고하고 있다.

독일사고보험공단(DGUV)은 보호복이용지침(BGR 189)에 위험도 평가 기준을 마련하여 맞춤형 대책을 제시하고 있다. 이를 통해 먼저, 안전의복이 주간, 야간 등 모든 가능한 직무조건에서 근로자를 인지하지 못할 가능성이 있는지를 측정하도록 하고 있다. 작업장소, 작업방법, 근무위치 등을 대상으로 자세상의 특징, 작업리듬(반복성), 기후요소, 신체적 적합성 등의 객관적 요소를 고려한다. 다음으로, 위험도 평가의 결과를 토대로 안전의복의 특성을 정의하여야 한다.

이와 같이 습기, 바람, 추위, 자외선 등 기후요인에 대한 보호, 기계적인 공격에 대한 보호, 화학 공격에 대한 보호, 미생물 공격에 대한 보호 등을 충분히 고려한 안전의복의 적용이 이루어지고 있는 것이다. 마지막으로 위험도 평가를 위한 표준 서식에 기재하여 지속적으로 관리한다. 이는 일회성으로 그치는 것이 아니라 최소한 매년 업데이트 관리되어 상시적인 안전시스템 내에 존재하게 하는 것이다.

표 4.1 안전의복의 위험도 평가기준

위험요인	안전대책	근거
조직결함	계획의 추진전략	4.1.1
	업무절차운영	4.1.2
	관련 직무수행자 교육	4.1.3
	관리감독자 선정	4.1.5
	안전관리자 선정	4.1.6
	운영지침 및 허가증 교부	4.1.7
물질을 통한 위험	업무수행 전 폐쇄 공간 정화	4.2
	배출물질 차단	4.2.3
	업무수행 전과 수행 중에 측정 공기질 상시 감시	4.2.1
	업무 중 환기	4.2.4
	적정한 개인맞춤형 보호장비 사용	
산소결핍 위험	업무수행 전 측정	4.2.1
	업무수행 중 폐쇄 공간 환기	4.2.4
	호흡기 보호장비 이용	4.2.5
화재와 폭발	업무수행 중 폐쇄 공간 환기	4.2.4
	공기질 상시 감시	4.2.1/4.4
	인화성물질 차단	4.4.2
	용접 및 화기 작업은 허가증 소지자만 수행	4.1.7/2
	적절한 소화기 비치	6.1
생물학적 작업재료	직무수행 전 작업장 정화	4.2
	하수, 슬러지, 에어로졸 접촉 금지	
	적절한 개인용 보호장비 사용	
	위생 조치 시행	4.5
	피부보호 계획 수립	4.5
	경우에 따라 예방접종 및 예방의학적 조치 제공	4.5
	설치류 (Rodents) 방지	
기계적 위험	의도하지 않은 작동 방지 장치 확보	4.7.2.1

(계속)

위험요인	안전대책	근거
전류	전기 기기의 전원 차단 및 재연결 방지	4.8
	적절한 기기 사용	
	인증된 제품만 사용	
	낮은 전압과 보호분리가 가능한 제품 사용	
낙상	출입부 및 개폐부 안전 조치	4.9
	출입부 고정장치 부착	
	5 m 이상 낙하방지 시설 사용 (예: 삼각대)	
익사	작업영역의 유입 차단	4.10
	기상예보 주의	
	적절한 개인용 보호장비 착용	
불충분한 구조대책	현장에 적절한 개인용 보호장비 비치	6.1
	종합적인 훈련	4.1.3
	정례적인 구조훈련	6
	구조관련 사항에 대한 학습	6
	구조루트 접근성 확보	
	운송수단 확보	
	응급구조사슬 조직화	6.2
신체적 부담	기술적 대책을 통해 개인용 보호 장비의 사용 필요성 제고	
	작업을 꼼꼼하게 계획	4.1.2
	적절한 작업방법 선정	5.3
	운송수단과 리프팅장치 비치 (예: 기중기, 삼각대)	5
	신체적 부담이 가중될 시 충분한 휴식과 작업시간제한 설계	4.1.2
도로교통 직무	교통유도대책	4.6
	작업영역 보호	
	안전의복 착용	

출처: BGR 189

안전의복 착용환경에 대한 위험도 평가를 진행함에 있어 특별히 고려할 사항은 다음과 같다. 첫째, 차량 내 운전자 좌석에 야광조끼를 걸어놓는 경우, 장기간 햇빛 노출로 인해 형광 기능을 상실하여 보호효과가 저감될 수 있다는 사실을 인지하고 있어야 한다. 따라서 야광조끼는 별도의 백에 보관하여 햇빛 노출로부터 보호할 필요가 있다. 이를 위한 전제조건으로 EN ISO 20471 기준에서는 형광직물의 색도와 휘도가 최소한 5회의 세탁 후에도 유지되는지를 평가하도록 하고 있다. 또한 향후 차량 내 비치하는 야광조끼를 플라스틱이나 섬유로 구성된 자동차부품으로 분류할 것인지도 결정해야 한다. 왜냐하면 자동차부품이라면 관세품목으로 수입허가의 대상이 될 수 있기 때문이다.

둘째, 안전의복의 시인성 경고효과는 도로교통의 전형적인 작업태도에서 검증되어야 한다. 특히 유의할 사항은 재귀반사재 띠와 형광직물이 작업도구에 의해 가려지지 않는지, 모든 가능한 시인성 조건에서 경고효과가 유지될 수 있는지를 검토하여야 한다. 이를 위해 EN ISO 20471 기준에서는 몸통을 두르는 2개의 가로 반사재 띠 외에 2개의 세로 반사재 띠를 추가적으로 요구하고 있다. 반사재 띠는 가로 배열되어 있어도 세로로 ±20°의 최대 경사각을 적용하는 것을 별도로 권고하고 있다. 다만 여가용 안전의복을 규정하는 EN 1150 기준은 몸통을 두르는 25 mm 폭의 1개의 반사재 띠만을 요구하고 있다.

셋째, 그 외 확인사항으로는 도로점용공사장 장비에 안전의복이 낄 수 있는 여지는 없는지, 착용자의 신체에 맞는 인간공학적 및 건강 요구사항을 충족하는지, 주야간 상이한 조명조건에서 착용자를 인지시킬 수 있는지, 노천에서 혹은 도로점용공사장 작업 시 기후여건(온도, 습도, 풍력 등)에 따른 신체의 열평형(Heat balance)의 지속성을 유지하는지, 안전의복이 기상이변에 대한 보호기능이 있는지 등 사용 전에 안전의복의 적합성에 대해 개인 보호 장비 체크(Personal Protective Equipment Checks)를 요한다. 독일 사고보험공단(DGUV)은 보호복이용지침(BGR 189)에 안전의복의 기능성 관련 평가지표를 제시하고 있다.

표 4.2 안전의복의 평가지표 (독일사고보험공단 보호복이용지침, BGR 189)

일반 사항

작업영역 유형

위험 유형	예	아니오	기타 사항
기계적 위험요인			
절단/베임	☐	☐	_____
균열/찢어짐 (Cracks)	☐	☐	_____
긁힘 (Scrub)	☐	☐	_____
전기적 위험요인			
전압	☐	☐	전압 : Volt
정전기 (Electrostatic)	☐	☐	_____
열적 위험요인			
열기	☐	☐	온도 : °C
			노출 : 시/일
냉기	☐	☐	온도 : °C
			노출 : 시/일
불꽃	☐	☐	
스파크	☐	☐	
화학적 위험요인			화학 약품의 유형
먼지	☐	☐	_____
산성 (Acidic)	☐	☐	_____
용제 (Solvents)	☐	☐	_____
기름	☐	☐	_____
기타	☐	☐	_____
방사선 위험요인			
뢴트겐 방사	☐	☐	_____
자외선 (UV) 방사	☐	☐	_____
기타 방사	☐	☐	_____
오염	☐	☐	_____
기후 위험요인			사용/효과 유형
연중 야외 사용	☐	☐	_____
겨울철 야외 사용	☐	☐	_____
안전의복			
도로교통 공간 직무	☐	☐	_____
신체부담 (Perspiration)	☐	☐	_____
유연성 (Suppleness)	☐	☐	_____
기타	☐	☐	_____

도로점용공사장 등 노상에서 근무하는 경우, 기후조건의 변화는 신체의 온도조절에 영향을 미칠 수 있다. 습기, 풍향, 냉기로부터 보호할 수 있어야 하는데, 왜냐하면 기후변화로 근육긴장, 허리통증, 감기 등을 유발하여 결근이나 수행능력 저하로 이어질 수도 있기 때문이다. 우기에 대한 보호기능이 있는 안전의복은 신체의 온도조절을 방해하지 않아야 하며, 신체에서 생성되는 땀은 신속하게 몸 밖으로 배출되어야 한다.

EN ISO 20471에 의하면 방수기능(코팅소재, 라미네이팅 소재)이 있는 안전의복을 제외한 안전의복의 수증기투과저항(Evaporative resistance)이 5 m^2 Pa/W 초과 시 열저항(Thermal resistance) 및 수증기투과지수(Water vapor permeability)를 측정할 수 있다. 수증기투과지수가 ≥ 0.15의 섬유조합은 기준에 부합한다. 이와 같이 고시인성 안전의복 착용시에는 열스트레스의 관점으로부터 작업환경온도에 대한 한계 착용시간도 충분히 염두에 두어야 한다.

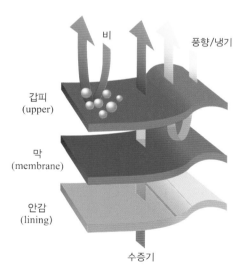

그림 4.1 안전의복의 수증기 교환과정 (출처 : BGI/GUV-I 8591)

우기 기후조건에 대한 보호기능을 가진 안전의복은 EN ISO 20471 기준 외에도 EN 343 기준을 충족하여야 한다. 방수기능이 인증된 안전의복은 25회 세탁에도 형광효과가 유지되어야 하며, 종일 착용을 고려하여 다기능과 쾌적성을 증명하여야 한다. EN 343 기준은 비나 악천후에 대한 보호기능 요건과 더불어 착용쾌적성 기준을 제시한다. 비에 대한 보호기능은 방수 기능에 따라 3등급으로 평가하며 착용쾌적성은 수증기투과저항에 따라 3등급으로 평가한다. 방수성 등급이 높을수록 방수 기능이 우수하며, 착용 쾌적성 등급이 높을수록 수증기투과저항이 낮아지고 이는 높은 통기성을 나타내 착용쾌적성이 높다. 따라서 투습효과가 낮아지면 열이나 수증기 부하가 높아질 수 있기 때문에 등급별 최대 착용기간의 설정이 필요하다.

안전의복 교체 주기의 기준도 정해져 있으며 주야간에 300 m 거리에서 인식되지 않는다면 교체되어야 한다. 직무형태에 따라 안전의복의 교체 주기가 달라질 수 있다. 매일 착용상태에서 근무하는 경우의 제품기대 수명은 최소 6개월에서(예: 도로포장, 유지보수, 야간작업 등) 최장 3년을 예상할 수 있다. 고도가 높은 작업장일수록 자외선 노출이 커져 안전의복의 예

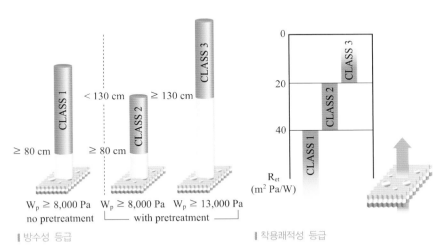

그림 4.2 우기 기후조건에서 안전의복의 기능성 기준(출처: EN 343)

상수명은 단축된다. 마찬가지로 겨울철보다 여름철 고온다습한 작업환경에서 더 빨리 시인성의 경고기능을 상실할 수 있다. EN ISO 20471에 의한 보호등급-2 제품의 경우 비에 대한 보호기능이 취약하기 때문에 착용시간 제한을 경고라벨에 명시하여야 한다. 시인성의 경고기능을 상실한 안전의복은 현재로서는 재활용이 불가능하므로 폐기처분하여야 한다.

올바른 안전의복을 선택할 때에는 착용환경의 위험도 평가를 기초로 작업 특성을 고려한 맞춤형 안전의복을 제안하고 인증할 수 있는 전문가 양성이 필수적이다. 다양한 착용환경의 특성을 이해하지 않고서 안전의복을 평가하는 것은 마치 이륜자동차를 운전한 경험 없이 이륜자동차를 위한 도로시설의 안전성을 평가하는 것과 같기 때문이다.

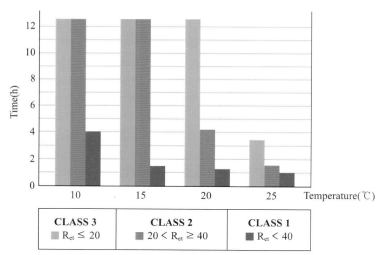

그림 4.3 노동량 150 W/m², 50% RH, 0.5 m/sec 조건에서 외부온도 변화에 따른 안전의복의 착용시간 (출처: EN 343)

참고문헌

1 BGI/GUV-Ⅰ 8591, (2010), Warnkleidung, DGUV(독일사고보험공단 고시인
   성 안전의복에 대한 매뉴얼).
2 BGR 189, (2007), Benutzung von Schutzkleidung, Carl Heymanns Verlag(독
   일사고보험공단 보호복 사용지침 1994년판 개정).
3 EN ISO 20471, (2013), High visibility clothing-Test methods and requirements.
4 EN 343, (2013), Protection against rain.
5 EN 1150, (1999), Protective clothing. Visibility clothing for non-professional
   use-Test methods and requirements.

CHAPTER 5

안전의복의
품질관리

5.1 유럽연합 텍스타일 인증제도

유럽연합은 안전의복 제품의 적합성 시험 및 인증을 위한 텍스타일표식 법령(Textile Mark Law)을 마련하고 **CE**(Communauté Européenn)-마크를 도입하였다. **CE**-마크 인증제품은 유럽연합의 안전기준을 충족하는 제품이라는 것을 의미한다. 법령은 안전의복의 인간생태학적 유해물질 검사를 의무화하고 있다. 한편, 독일기술검사협회(TÜV)에서 인증한 민간단체, 국책연구소, 기업연구소 등이 자체적으로 인증마크를 만들어 시장에서 경쟁하는 구도가 형성되어 있다. 섬유제품의 시험인증은 국제섬유생태연구시험연합(Öko-Tex)에서 공인한 연구소나 단체가 수행하여야 한다(Öko-Tex Standard 1000). 예컨대, 독일기술검사협회(TÜV Rheinland)는 섬유 소재의 오염물질 검사, 쾰른 ECO환경연구소(ECO-Umweltinstitut Köln)는 생체적합성평가, 생체적합성텍스타일연합(Fördergemeinschaft körperverträgliche Textilien)은 의학검사로 특화된 인증기관이다. 안전의복의 시험인증기관은 유럽연합표식(**CE**), 국가표준(예: DIN), 민간표식(예: Öco-Tex Standard 100) 사용 여부로 구분할 수 있다. 모든 인증표식은 제품의 동일한 품질과 최소한의 안전기준을 보장하는 상징이다.

안전의복 제품은 경미한 위험에 대한 효과를 사용자가 스스로 인식할 수 있어야 하며, 모든 제품은 유럽연합에서 공인한 검사기관(Notified Body)의

그림 5.1 안전의복 인증마크 사례

시험인증을 받아야 한다. 공인시험기관은 제품의 인증범주를 마크에 명기하여야 한다. EN ISO/IEC 17025에 근거하여 유럽연합이 공인한 시험인증기관은 **CE**-마크를 사용할 권한이 부여된다. 생명을 위협하는 위험상황에서 근무하는 작업자를 고려하여 제품의 재질이나 소재의 적합성 시험뿐만 아니라 제조사의 품질관리시스템, "E-Bloom"로 불리는 "섬유제조 환경"에 대한 기준을 마련하여 이에 준한 평가를 받도록 의무화되어 있다.

5.2 안전의복 시험인증기관 사례

독일기술검사협회(TÜV)는 안전의복 시험인증기관에서 종사하는 시험인증 인력의 전문적 역량을 인증하는 한편, 유사직군에 종사하고자 하는 자를 양성하는 인증훈련 사업을 수행해오고 있다. 안전의복 시험인증 업무를 수행할 수 있는 자격증을 취득하려면 관련 분야에 대한 교육훈련을 이수하여야 한다. 이론시험 및 실습평가를 통해 전문적 역량을 입증하면 자격증을 교부한다. 시험의 시행과 결과의 평가는 DIN CERTCO사를 통해 이루어지며 DIN-인증마크를 사용할 권한을 얻게 된다.

자격증은 한시적으로 유효하고 3년이 경과하면 직업수행의 지속성을 증명하여야 하며, 5년이 경과하면 연장시험을 거쳐 반드시 자격증을 갱신하여야 한다. DIN CERTCO사는 DIN 표준에 의거한 자격과정을 개발하였고, 외부전문가로 구성된 자격인증위원회를 구성하여 수험자를 교육훈련 및

안전의복 시험인증기관(TÜV)

DIN-인증마크

그림 5.2 해외 안전의복 시험인증기관 및 인증마크 사례

평가한다. 자격과정은 시간당 48유로이고 초보자의 경우 등록신청 48유로, 교육자격여부 평가 240유로, 자격증 교부 96유로(비영어권은 192유로)가 소요되고, 자격연장 심사의 경우 등록신청 48유로, 교육자격여부 평가 144 유로, 자격증 교부 96유로의 비용이 요구된다.

안전의복 시험인증기관을 희망하는 업체는 자격여부에 대한 시험인증 및 자격과정 참여 신청서를 제출하여야 한다. DIN CERTCO사는 인증신청서의 타당성을 검토한 후 시험자격 여부를 결정한다. 필기시험은 온라인으로 90 분 진행되고 60% 이상 문제를 해결해야 합격이 가능하다. DIN CERTCO사 는 수시로 시험인증 자격증 취득자의 명부를 공개한다. DIN EN ISO/IEC

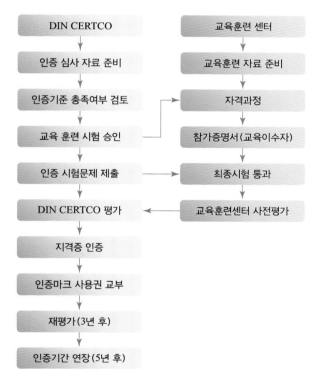

그림 5.3 DIN-CERTCO 시험 · 인증 전문가 자격과정

17024 지침에 의거하여 DIN CERTCO사가 교부한 인증서와 자격증은 정례적으로 재검을 통해 연장승인을 받아야 한다.

그밖에 독일직업연맹 및 사고보험사가 공동출자한 독일사고보험공단(DGUV)의 시험인증체계에 포함된 노동보호연구소(IFA)는 주정부의 안전기술센터(ZLS)로부터 안전의복의 시험인증기관으로 지정되어 있고, 유럽연합위원회에 등록되어 있다. IFA는 개인 보호 장비에 관한 유럽연합지침(89/686/EWG)에 의거한 제품에 대한 시험인증(CE-마크)을 수행한다. 개인 보호 장비의 시험인증은 재료, 형태, 기능별 특화된 실험실에서 수행하며, 시험인증 전문가는 다양한 작업 조건의 실무적인 적용과 관련한 방대한 경험을 가지고 있어야 한다.

5.3 안전의복 품질표시 라벨

제조사는 안전의복의 생산정보를 고지할 의무가 있으며, 생산정보에는 다음과 같은 사항을 포함한다.

- 안전의복의 착용방식에 대한 상세한 설명
- 잘못 사용하거나 사용한계에 대한 경고
- 관리를 위한 최대 보관기간
- 세탁, 드라이클리닝 등 오염제거에 대한 지침
- 기능성 및 시인성 경고효과에 손상이 없는 세탁횟수

고시인성 안전의복은 작업자를 차량 운전자에게 보다 잘 보이기 위해 제작된 의복으로 작업환경과 대비하여 작업자의 존재를 인지시킬 수 있는 디자인 특성을 내포한다. 고시인성 안전의복은 작업환경의 개인적 보호 장비로서 제조사 내지는 공인기구의 상호, 표식, 내지는 인식수단을 포함한 의복특성을 설명하는 상형문자(Pictograph) 표준라벨로 확인할 수 있어야 한다.

유럽의 안전의복은 EN 340 기준에 의거한 안전조끼 형태의 상형문자로 표식하며, EN 471 표준표식은 아래와 같다. 라벨에 표기되는 제품정보는 ① 의복의 유형, ② 제조사의 제품명, ③ EN 340에 의거한 신체치수, ④ EN 471 표식, ⑤ 우측 상단 숫자는 안전의복의 보호등급, 우측 하단 숫자는 재귀반사재의 재귀반사계수의 등급을 나타내며, 1 또는 2로 표시한다. 재귀반사계수의 등급이 2인 경우 안전의복의 야간 시인성이 가장 높다는 것을 의미한다. ⑥ ISO 3758 의거한 세탁방법 및 최대 세탁 횟수이다. 라벨에 세탁·건조의 최대허용 횟수가 명시되어 있는 경우에는 설명서에 세탁·건조횟수가 안전의복의 수명을 결정하는 유일한 요소가 아님을 알리는 문구를 추가하여야 한다. 라벨에 세탁·건조 횟수가 명시되어 있지 않을 경우에는 설명서에 제품을 5회 세탁과정을 거친 후에 측정되었음을 알리는 문구를 추가하여야 한다.

새로운 EN ISO 20471에서 상형문자는 가로와 세로 재귀반사재가 있는 안전조끼로 표시하여야 하고, 보호등급은 상형문자 오른쪽 측면의 중앙에

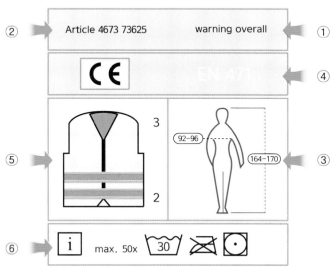

그림 5.4 안전의복 품질표시 라벨(출처: BGI/GUV-I 8591)

안전의복
EN 471:2003

안전의복
EN ISO
20471:2013

그림 5.5 유럽연합 EN 471과 ISO 20471의 안전의복 라벨

수치로 명시하여야 한다. 재귀반사재의 재귀반사계수의 등급을 나타내는 숫자는 별도로 표시하지 않는다.

미국의 안전의복은 ANSI/ISEA 107 표준에 의거하여 표식하며, 보호등급과 세탁횟수 등의 표기는 유럽표준과 유사하고 일반 의류제품의 품질표시 라벨과도 별반 상이하지 않다.

5.4 안전의복 구매 체크리스트

고시인성 안전의복을 선택하여 구매하기 위해서 다음과 같은 단계를 거쳐야 한다.

- 1단계 : EN ISO 20471 국제기준을 검토한다.
- 2단계 : 작업장의 시인성조건, 통행속도, 기후조건, 교통류 근접도, 직무부하, 교통통제계획 등을 조사한다.
- 3단계 : 교통안전 전문가와 피복공학 전문가가 안전의복의 기능성, 쾌적성 및 내구성 요구사항의 균형을 이루는 포괄적인 평가를 통해 맞춤형 안전의복을 결정한다.
- 4단계 : 제품의 시인성개선 효과에 대한 시연회를 통해 제품을 평가한다.
- 5단계 : 직무형태에 적합한 제품선택 명세서를 작성한다.
- 6단계 : 작업자에 고시인성 안전의복의 착용목적과 사용방법에 대해 교육한다.

표 5.1 고시인성 안전의복의 구매 체크리스트 (EN ISO 20471)

- 직무유형 _____
- 직무영역 _____
- 작업장 _____
- 직무개요 _____

요구사항

1. 안전의복의 보호등급	• 보호등급-2	• 보호등급-3
2. 안전의복의 착용기간	• 장기 (전일제)	• 단기 (시간제)
3. 안전의복의 종류	• 노동복 (Dungaree) • 티셔츠 (T-shirt)/조끼 (Vest)/반팔상의 (Shirt having short sleeves) • 멜빵바지 (Waistband trousers) • 재킷 (Jacket)	
4. 형광직물의 색상	• 형광 주황-빨강 (Fluorescent orange-red) • 형광 노랑 (Fluorescent yellow)	
5. 안전의복의 보호기능	• 방수 (EN 343) • 방열 (EN ISO 11612) • 발한 • 화학보호 (EN 13034) • 인화성 • 기계충격보호 • 기타	• 방한 (EN 33403-5) • 방화 (EN ISO 14116) • 방전 • 정전기보호 (DIN EN 1149) • 발한보호 • 무릎보호
6. 작업자세	• 선 채로 작업 • 웅크린 채로 작업 (Stooping) • 부분적 은폐 작업 (예: 엔진실) • 눕거나 기댄 채 작업 (예: 구조, 인양, 수리, 차량검사)	
7. 위험지대의 작업자 위치(모든 작업 자세에서 반사재 띠 확보여부 확인)	• 작업기기 (예: 절단기), 개인 보호 장비 (예: 호흡기) 등 착용	
8. 안전의복의 기능점검 주체	• 점검자명	
9. 착용 전 점검	• 착용감 • 이동성 • 발한	• 재단 • 수용성 • 동결
10. 제조사 설명	• 안전기준 충족근거 • 제조사 정보	• 시험인증서

안전의복은 형광직물과 재귀반사재의 색이나 휘도 등이 변경될 시 제품 고유의 특성을 상실할 수 있다. 제품 구입 시 품질표시 라벨을 확인하여야 하고, 라벨에는 전술한바와 같이 제품의 등급, 적용기준, 보관, 관리에 대한 정보를 담고 있다. 라벨을 확인 후 구매하여 사용함에 있어서는 규정에 맞게 사용되고 있는지, 노화가 진행되어 시인성 기능에 결함은 없는지 등을 정기적으로 점검하여야 한다.

안전의복에 사용된 형광직물은 제조사가 명시한 재활용 주기의 최대치가 색상 기준을 충족하는 지를 확인하여야 한다. 형광색상은 자외선에 노출되면 퇴색될 수 있기 때문에 고시인성 안전의복은 직사광선을 피하여 건조하고 통풍이 잘 되는 곳에 보관하여야 하며, 차량 내에 비치할 경우에도 창 가까이 두거나 차량 시트에 걸어두거나 놓아두지 않도록 주의하여야 한다. 재활용주기는 세탁과 건조 횟수를 의미하며 안전의복의 내구성(Durability)을 추정하는 지표이다.

유럽연합은 2010년부터 안전의복의 인증 유효기간을 5년으로 제한하였고, 기존 EN ISO 20471 인증제품은 유효기간이 종료되면 재인증을 받아야 한다. 따라서 안전의복은 세탁횟수도 제한하고 있다. 예컨대, 25회 이상 세탁 시에는 시인성의 안전기능이 급격히 저하되거나 상실될 수 있다. 다시 말해 통상 25~50회 세탁과정을 거치면 형광직물의 휘도가 감소하기 때문에 새것으로 교체하여야 한다. 재귀반사재 역시 시간이 지날수록 부식되고 반사효과가 떨어진다. 또한 세탁으로 제거되지 않는 이물질로 더럽혀졌거나, 장시간 접힌 상태로 보관되었거나, 화학물질과 접촉한 경우는 안전의복의 수명을 단축시킬 수 있다.

더욱이 2013년부터 효력이 발생한 EN ISO 20471에서는 직물의 생애주기를 고려하기 시작하였고, 이는 안전의복 수명의 평가방법(교체주기)에 대한 이해를 제고하기 위한 것이다. 안전의복의 생애주기분석은 수차례 세탁과정 후 형광직물과 반사재의 퇴색정도를 측정한다. 왜냐하면 시인성이 저하되면 안전을 확보할 수 없기 때문이다. 무엇보다 중요한 사항은 규정에 부합한 관리, 즉 제조사가 권고하는 최대 세탁횟수를 준수하여야 한다.

사용자는 회사 내규를 통해 안전의복의 적절한 사용, 보관, 세탁, 결함파악 등 관리지침을 제공하여야 하고, 근로자(작업자)는 정기적으로 안전의복의 상태를 점검하여 파악한 제품결함을 즉시 사용자에 알려야 한다. 안전의복을 육안으로 판단하여 점검하는 것은 제품의 수명을 단축하는 행위이며, 퇴색한 안감이나 심각한 오염은 육안검사의 오류를 유도할 수 있다. 야간 시인성을 담당하는 재귀반사재는 역학적 스트레스, 부적절한 관리 또는 오염으로 손상되거나 오염될 수 있다. 주간에 보면 안전의복의 마모는 인식될 수 있으나 반사성능에 대해 신뢰할 수 있는 판단을 보장할 수 없다. 따라서 주간조건에서 반사재의 반사효과 상실 여부를 알려면 스포트라이트를 모사한 휴대용 검정기(Verifier)로 분석할 수 있다. 또한 한 벌의 안전의복을 여러 명이 공용으로 사용하는 경우에는 청결을 유지하여 착용자의 건강을 위협하거나 위생문제가 발생하지 않도록 조치하여야 한다.

참고문헌

1   ANSI/ISEA 107, (2010), A Quick Reference to High-Visibility Safety
    Apparel, American National Standards Institute/Industrial Safety Equipment
    Association.
2   BGI/GUV-I 8591, (2010), Warnkleidung, DGUV(독일사고보험공단, 고시인
    성 안전의복에 대한 매뉴얼)
3   EN ISO 20471, (2013), High visibility clothing-Test methods and requirements.

인터넷 및 사이트

1   http://www.schutztextilien.de
    (유럽연합 텍스타일 인증마크 관련)
2   http://europa.eu.int/comm/environment/ecolabel
    (E-Bloom 기준 관련)
3   http://www.oeko-tex.com
    (국제섬유생태연구시험연합 인증기준)
4   http://www.dar.bam.de
    (개인 보호장비 시험인증기관 표식 사례)
5   http://www.zls-muenchen.de
    (개인 보호장비 시험인증기관 관련)
6   http://www.dguv.de/ifa/Pr%C3%BCfung-Zertifizierung/Pr%C3%BCfung-
    nach-PSA-Richtlinie/index.jsp
    (독일사고보험공단 시험인증체계)
7   http://www.orosha.org/pdf/pubs/fact_sheets/fs42.pdf
    (미국 안전의복 라벨)

CHAPTER 6

어린이와 자전거를 위한
안전의복의 응용

우리나라는 인구 10만 명당 사고로 인한 어린이 사망자 수가 14.8명으로 OECD 30개 회원국 중 가장 높고(1998~2000년 기준), 특히 교통사고로 인한 어린이 사망자 비중이 매우 높은 후진국형 관리체계를 유지하고 있다. 예를 들면, 학교 주변을 어린이보호구역으로 지정하고 무단횡단금지 시설을 설치하여 어린이의 활동공간을 제한하고, 자동차의 통행을 우선하는 교통관리에 치중하고 있다. 또한 자전거 이용자의 지속적인 증가에 따른 자전거 이용 안전대책도 차도에서 자전거의 통행우선권 보장 등 생활자전거의 안전보다는 보행자·자전거 겸용도로, 공용자전거 시설 확충, 자전거 관광 활성화에 국한되어 있다.

공공영역이 아닌 개인영역, 예컨대 보행자, 자전거 이용자, 어린이, 고령자 등 교통약자를 위한 안전의복의 착용은 별도의 지침(예: EN 1150)이 필요하다. 국제시장에서 경쟁력이 있는 안전의복 브랜드는 Leipold & Döhle 주식회사, 우벡스 노동보호 사단법인(Uvex Arbeitsschutz), 우빈 안전의복개발 사단법인(Woovin Safety Clothing Development) 등이 있다.

아무리 화려하거나 밝은 색상의 의복일지라도 야간 보행자의 시인성과 안전을 보장하지 않는다. 재귀반사재가 없는 밝은 색상의 의복은 시거리가 80 m이고, 시속 70 km 속도의 운전자는 밝은 색상의 보행자를 적시에 인지

그림 6.1 주야간 횡단보도에서 안전모자를 착용한 어린이의 시인성 개선
(출처 : www.dekra.de)

그림 6.2 반사밴드(reflector band) 및 안전모자(DEKRA Kinderkappe)의 시인성 효과
(출처: www.dekra.de)

하기 어렵기 때문이다. 반면 재귀반사재가 있는 안전의복은 시속 100 km 속도의 운전자라도 적시에 인지하여 정지할 수 있다.

제6차 한국인인체치수조사사업(2010)에 의하면 초등학교 입학연령인 8세 어린이의 평균 신장은 남자 128 cm, 여자 126 cm로 20~24세 성인남자 173 cm, 여자 160 cm에 비해 남녀 차이가 없고 성인 신장의 74%에 불과하다. 또한 8~9세 어린이 13명에게 4~6 kg의 책가방을 메고 통학거리와 비슷한 400 m 걷게 했더니 모든 어린이들의 상체가 앞으로 쏠리고 고개가 숙여지는 현상이 일어났다. 이는 특히 어린이가 책가방을 착용 시, 야간 운전자에게 인지 가능한 신장은 더 작아질 수 있다는 가능성을 제기한다. 따라서 어린이의 야간 시인성을 높일 수 있는 다양한 접근이 필요하다.

재킷이나 바지뿐만 아니라 어린이가 착용하는 신발, 모자, 가방 등에도 재귀반사재 제품을 확대할 필요가 있고, 이를 통해 운전자가 160 m 전방에서 어린이의 횡단을 인지할 수 있다. 독일자동차검사협회(DEKRA)는 야간 어린이의 도로사고 예방을 위해 안전모자(DEKRA Kinderkappe)와 상체를 감는 반사밴드(Reflector band)를 제작, 보급해 오고 있다. DEKRA 교통안전 캠페인의 화두는 고시인성 보호 장비가 많을수록 어린이의 안전도가 높아진다는 철학을 기반으로 하고 있다("Safety requires brains").

이는 어린이의 통학로 안전의 범위에 자동차의 통행을 억제하는 도로시설의 설계 외에도 신체보호를 위한 안전의복의 착용이 포함되어야 함을 의미한다. 보행자 사고의 대부분은 횡단보도에서 발생하고 있는데, 이는 운전자가 일시정지 의무를 위반하기 때문이지만, 도로시설이 최소한의 안전기준을 충족하는 수준으로 설계되고 보행자, 특히 어린이는 자신이 가장 안전하다고 판단되는 횡단보도에서 운전자가 자신을 잘 볼 수 있다고 믿는 특성도 고려해야 할 사안이다.

6.1 어린이를 위한 교통안전가방

유럽연합은 어린이를 위한 안전의복에 가방을 포함하고 있다. 자동차운전자가 시속 50 km 주행 중 2초간 위험을 늦게 인지할 경우 제동거리는 27 m만 확보 가능하여 이는 생활도로나 통학로의 경우 치명적인 결과를 초래할 수 있다. 성인과 달리 어린이는 신체가 왜소하여 동일한 조건에서 운전자가 간과하기 쉽고 날씨 등 시거조건이 열악한 경우 특히 위험할 수 있다. 따라서 유럽연합은 어린이를 위한 학생가방은 교통안전성에 대한 특별한 기준을 적용하고 학생가방 구매 시 교통안전성 평가기준(DIN 58124)을 충족하는 제품을 구매하도록 권고하고 있다.

중부유럽은 19세기부터 학생용 가방(Satchel, Schulranzen)이 보급되기 시작하였는데, 국제적으로 Scout, Amigo, McNeil, Deuter, Jack Wolfskin 등 교통안전 브랜드 가방이 학생용 가방시장을 독점하고 있다.

Scout사 제품의 특징은 가방 바닥과 측면이 단단한 소재로 구성되어 있고, 등 부위는 패딩 처리되어 착용의 쾌적성이 높고 반사재와 형광밴드로 처리되어 있어 교통안전가방으로 인식되고 있다. McNeil사 제품은 모든 면이 패딩으로 처리되어 있고 마찬가지로 반사재와 형광밴드가 있어 주야간 시인성을 높이고 있다.

그림 6.3 국내 학생가방의 시인성

그림 6.4 교통안전가방과 일반가방의 시인성

그림 6.5 초등학생용 교통안전가방

교통안전가방은 반드시 등에 메고 다녀야 하고 손에 들고 다니면 제품의 기대효과를 얻을 수 없다. 초등학생을 위한 1 kg 미만의 초경량 제품도 출시되고 있으며 시각적으로 매력적이어야 하는 동시에 교통안전이 보장되어야 한다.

독일은 학생용 교통안전가방 제작표준(DIN 58124)을 충족하는 제품만 판매를 허용하고 있고 제작자 임의대로 만들 수 없으며, 제작표준을 준수하여야 한다. 교통안전가방은 특히 어린이가 겨울철 해질 무렵 귀가 시 시인성 개선에 효과적이다. 어린이가 어두운 색상의 의복을 착용한 경우 운전자는 25 m 전방에 이르러서야 겨우 어린이를 인지할 수 있다. 어린이가 밝은 색상을 착용하면 정지거리는 75 m로 확장될 수 있다. 만약에 밝은 색상을 입고 가방에 재귀반사재가 마감되었다면 정지거리는 150 m로 확대될 수 있다. 따라서 교통안전가방은 어린이 통학안전에 필수적인 요소이다.

DIN 58124 지침은 학생가방의 교통안전성에 대한 산업표준으로 1990년에 개발되었고, 학생용 교통안전가방의 시인성과 디자인을 균형적으로 설계하도록 권고하고 있다. 가방은 형태나 색상 등 디자인 요소보다는 교통안전성, 인간공학적 설계를 중요시한다. 가방의 교통안전성 설계기준에 의하면 전체 면적의 20% 이상은 노랑 또는 주황－빨강 색상의 형광직물이 차지하여야 하며, 반드시 전면과 측면에 전체면적의 10% 이상을 재귀반사재로 처리하여야 한다. 특히 신입 초등학생용 가방은 착용 학생의 신체윤곽을 파악할 수 있는 디자인이어야 한다.

학교와 근접거리에 있는 어린이와 차도를 횡단하고 대중교통을 이용하는 어린이의 안전관점이 다를 수 있으나, 가방의 전면과 측면의 재귀반사재 사용은 최소한의 공통기준이 되어야 한다. 착용의 쾌적성을 고려하여 등 부분을 패딩처리를 하여야 하고, 가방 중량에 의한 충격을 완화하기 위해 패딩의 디자인을 점단위로 설계하도록 권고하고 있다. 또한 낙하견고성을 통과하여야 한다. 학생가방 제조사와 인증기관은 제품이 요구사항을 충족하는지 등을 검토하여 제품인증 여부를 결정한다.

교통안전가방 제품의 품질평가를 100%를 기준으로 보면 실용성 50%, 소재특성 30%, 시각적 경고효과 20%로 구성된다. 실용성 측면에서는 가방의 중량, 개폐의 용이성, 형태안정성, 끈 길이, 견고성 등을 평가한다. 가방자체 중량이 어린이 체중의 10~12%를 초과하지 않는지, 어깨 끈 너비가 4 cm 이상인지, 길이조절이 수월한지 등을 평가하여야 한다. 소재 특성은 방수소재를 권고하며 특히 바닥부분은 10분 이상 방수기능이 있어야 한다. 등 부분은 어린이 등 형태에 밀착되는 부드러운 소재로써 등 패딩이 통기성이 있는지를 평가하여야 한다. 그 외에 어깨 점을 넘지 않는 세로 형태의 외형, 날카로운 모서리로 인한 부상위험 가능성, 내발한성, 부식의 정도를 육안으로 평가한다.

표 6.1 교통안전가방의 착용 쾌적성 및 교통 안전성 평가 기준

착용 쾌적성	교통 안전성
인체공학적 등 (Back) 형상	충분한 반사재 사용
경량	가방 형체의 안정성
착용시 중량분포의 적정성	연령을 고려한 질량/크기
등 패딩 및 어깨 끈의 적정성	버클 (부상위험성)
벨트 길이의 유연성	제품인증

 독일 제품평가재단(Stiftung Warentest)의
평가등급체계
++ = 매우 좋음(0,5-.1,5)
+ = 좋음(1,6-.2,5)
○ = 만족(2,6-.3,5)
⊖ = 충분(3,6-.4,5)
− = 부족(4,6-.5,5)

그림 6.6 독일 제품평가재단(Warenstiftung)의 교통안전가방에 대한 인증마크와 등급체계

　교통안전가방의 시각적 경고효과는 주로 재귀반사재 및 형광직물의 면적비율과 경고 성능으로 평가한다. 주간에 형광직물이 잘 보이는지, 전면과 측면에 반사재가 충분히 처리되어 야간에 재귀반사재가 잘 보이는지 등을 평가하며, 특히 야간에 조명각도의 재귀반사 효과는 도로안전에 있어 매우 중요한 사안으로 제논(Xenon) 조명조건에서 형광직물의 색상와 휘도12를 평가한다. 그 외 항목으로 유해물질을 평가하는데 플라스틱 핸들의 프탈레이트 가소제(Phthalate plasticizers)나 다환 방향족 탄화수소(Polycyclic aromatic hydrocarbons), 어깨벨트나 등 패딩에서의 아조염료(Azo dyes)의 유해성을 평가한다.

그림 6.7 시인성 향상을 위한 어린이 복장기준 및 야간 시인성 체험
(출처: www.aktion-bodyguard.de)

12　휘도(luminance)는 인간의 눈이 표면과 광원의 밝기를 인지하는 값을 말한다.

교통사고를 예방할 수 있는 안전의복의 개발과 더불어 보급 활성화를 위해서 안전의복의 수용성, 즉 디자인도 병행하여 접근할 필요가 있다. 왜냐하면 안전한 제품이라도 소비자 맘에 들지 않는다면 실패한 상품이 될 수 있기 때문이다. 아무리 교통안전성이 좋은 제품이어도 어린이 고객의 취향을 배려하여야 한다. 어린이는 화려한 색상에 대한 호불호가 명확하다. 따라서 화려한 색상이나 단조로운 색상의 가방에 따라 형광직물 및 재귀반사재 설계를 달리할 필요가 있다. 최근 일부 제조사에서는 어린이의 패션 감각을 고려하여 주황이나 노랑 색상을 사용하지 않는 대신에 재귀반사재 면적을 늘린 제품으로 차별화하는 경향도 볼 수 있다.

6.2 자전거를 위한 안전의복

● 자전거 교통사고의 유형과 원인

해마다 국내 자전거 이용자수가 증가하고 있으나 해질녘, 안개, 우기 시 보행자와 자전거의 시인성이 저하되어 도로사고 위험도가 높아진다. 자전거 본체와 착용의복의 밝은 색상만으로는 시인성 개선에 충분하지 않다. 1장에서 전술한 바와 같이 우리나라는 인구 10만 명당 자전거 이용자의 사망사고율이 OECD 평균에 비해 높은 편이다.

2014년에 경찰청에서 집계하여 발표한 2013년도 자전거 사고현황을 보면, 야간에 발생한 자전거사고의 비중이 35% 수준으로 높게 나타나 있다. 이는 선진국의 20%대에 비해 매우 높은 편이다.

표 6.2 주야간 자전거 이용자 사망사고

자전거 사고	야간	주간
사망자 수 (명)	35	66
부상자 수 (명)	1,569	2,903
사고 수 (건)	1,484	2,765

출처: 경찰청 교통사고통계, 2014

자전거사고의 유형을 집계한 결과에서는 자전거 사상자의 60~70%는 자동차와 측면직각충돌에 의한 것이고, 그 뒤를 이어 추돌사고가 10~15%를 차지하는 것으로 나타났다. 측면직각충돌과 추돌은 운전자가 자전거를 적시에 인지하지 못하여 발생하는 것과 관련이 있다.

독일연방교통부 산하 연방도로공단(BASt)은 자전거사고를 크게 주행사고(단독이탈사고)와 충돌사고로 구분하고, 주행사고는 주로 핸들, 바퀴, 차체, 체인의 결함에 의한 사고인 반면, 충돌사고는 조명과 제동장치의 결함에 기인한 경우로 해석하였다(Heinrich & Osten-Sacken, 1996).

자전거 관련 야간사고의 경우 자전거 주행빔과 후미등(이후 조명장치라 함)을 장착하지 않았거나 장착되었어도 조명장치에 결함이 있는 상태에서 운행을 한 것과 긴밀한 관계가 있고, 야간에 조명장치 없이 하는 운행은 사고 위험도를 높이는 요인으로 작용한다.

스위스 사고예방연구소(Bfu)는 자전거사고와 조명장치의 관계에 대한 조사를 통해 자전거 이용자의 30%는 조명장치를 장착하지 않고 운행하고

표 6.3 주야간 자전거 이용자 사고 유형

자전거 사고 유형	사망자 수 (명)	부상자 수 (명)
횡단 중	0	186
차도통행 중	2	40
길가장자리구역통행 중	0	32
보도통행 중	0	129
정면충돌	6	415
측면직각충돌	111	5,322
추돌	38	1,061
전도/전복/공작물충돌	11	54
이탈	6	1
기타	10	96
소계	184	7,336

출처: 경찰청 교통사고통계, 2014

표 6.4 조명장치와 자전거사고의 관계(Scherer, 1994)

구 분	전체 자전거사고 전체사고대비 % (n=4,695)	야간 자전거사고 야간사고대비 % (n=419)
조명장치 부재	2	14.3
조명장치 결함	1.3	7.3

있고, 13%는 주행빔 또는 조명장치만 장착한 경우가 일반적인 것으로 파악하였다. 즉, 자전거 이용자의 절반 정도만이 야간에 조명장치를 제대로 장착하고 운행하는 것으로 추정하였다(Scherer & Ewert, 1996). 스위스 교통부의 사고통계에 의하면 야간 자전거사고의 7.3%는 조명장치의 결함, 14.3%는 조명장치의 부재와 관련이 있는 것으로 보고되었고, 전체 자전거사고의 3%는 조명장치의 부재와 결함이 원인인 것으로 추정하였다. 야간운행 시 사고를 경험한 자전거 이용자를 대상으로 설문조사를 한 결과, 이용자의 30% 가량은 사고의 원인을 조명장치의 부재로 인식하는 것으로 나타났다(Scherer, 1994).

네덜란드도 스위스와 비슷한 상황이다(Schoon & Varkevisser, 1996). 자전거 이용자의 50%는 야간에 조명장치를 가동하고 있고 33%는 조명장치가 부재하며, 21%는 주행빔 또는 조명장치만 장착한 경우가 일반적이다 (VCÖO/ARGUS, 2005).

야간에 자전거를 이용하는 운전자의 약 30%는 조명장치를 부착하지 않는 것으로 추정되고 있으나, 실제 자동차와 자전거의 상충사고 중 자전거의 조명장치의 부재나 결함이 원인인 경우는 3%에 불과하기 때문에 조명장치의 부재 자체가 위험요인이라고 단정하기에는 무리가 있다.

스웨덴 교통연구소(VTI)는 조명장치의 부재나 결함, 안전의복의 미착용은 야간 충돌사고의 22%, 단독사고의 9%를 유발한 것으로 추정하고 있다. 조명장치를 장착하지 않거나 조명이 불충분한 상태에서 안전의복을 착용하지 않고 자전거를 운행하는 것이 위험한 이유는, 자전거 이용자가 자전거 전용차로를 제대로 인지하지 못하기 때문이 아니라 차량 운전자가 자전거를 제때에 인지하지 못하는 데에 있다는 것이다. 국제비교를 통해, 야간 자전거운행은 전체 자전거운행의 10%에 불과하지만 자전거사고의 20%를 차지하는 것은 선진국에서는 공통적인 현상으로, 야간사고가 주간사고보다 적게는 2배수에서 많게는 5배수의 차이를 보이는 것으로 보고하였다 (Jaermark & Gregersen, 1991).

종래의 자전거사고의 원인은 기계적 결함에서 찾았으나, 최근 유럽은 자동차와 자전거 상충사고 중 측면직각충돌과 추돌사고의 빈도가 높은 이유

그림 6.8 국내 자전거 이용자의 의복 및 시인성

그림 6.9 국내 휠체어 이용자 의복 및 시인성

로 적시에 운전자가 자전거를 인지하지 못하는 것과 관련이 있는 것으로 보고되고 있다(Cavegn et al, 2004). 미국도 자전거의 시인성 부재가 자동차와 자전거 상충사고의 빈도에 영향을 미칠 수 있다는 조심스런 결론을 제시하고 있다(Kwan & Mapstone, 2004).

따라서 자전거 및 휠체어 이용자의 시인성 문제는 조명장치의 부재나 결함에만 국한하지 않고 안전의복의 착용 여부가 운전자가 적시에 자전거 및 휠체어의 존재를 인지하는 데 결정적인 역할을 한다. 예컨대, 어두운 색상의 의복이나 재귀반사재가 결여된 가방 착용 등은 야간뿐만 아니라 주간에도 자전거 및 휠체어 교통사고의 비율을 높일 수 있다.

● 자전거 이용자를 위한 안전의복의 사례

형광직물과 재귀반사재의 안전의복은 야간뿐만 아니라 대낮에도 시인성을 높여주는 효과가 있다. 반사기능 스냅밴드(Snap band), 발광 또는 야광모자(Luminous cap), 캐츠아이 펜던트(Cats eye pendant) 등은 안전의복의 대안보다는 보완적인 역할을 갖는다. 왜냐하면 재귀반사재는 상체와 하체의 윤곽을 드러낼 수 있는 수준이 되어야 하기 때문이다. 야광조끼나 안전의복은 야간 시인성 향상을 위해 재귀반사재가 필요하고, 고휘도 고반사 형광직물은 주간 시인성 제고를 위한 것이다.

특히 자전거를 이용하는 어린이의 경우 조끼, 풀오버, 헬멧, 가방, 모자, 스포츠용품, 우산 등 반사재 인증기준, 스냅밴드 등 보조반사제품(Blinky)의 성능기준, 360° 회전각 시인성 기준 등이 요구된다. 프랑스 등에서는 2008년 7월부터 자전거이용 시 야광조끼 착용을 의무화하였다. 이를 어길 시 35유로(약 5만 원) 벌금을 부과하고 있다. 또한 자전거이용자가 야광조끼에 대한 거부감을 줄이기 위해 패션쇼를 개최하는 등 다각적인 홍보사업을 실시하고 있다.

자전거를 이용하는 6~8세 어린이는 자신의 눈높이로 도로교통 상황을 이해한다. 예컨대, 정차된 차량을 보면 운전자가 자신을 볼 수 있다고 믿는

그림 6.10 국내 자전거를 이용하는 어린이의 의복 및 시인성

경향이 있다. 이러한 가정은 매우 위험한 결과를 초래할 수 있는데, 왜냐하면 비가 오거나 야간에 시인성조건이 불량한 경우 어린이가 일반복장을 하고 있다면 운전자는 30 m까지 접근하는 동안 자전거를 탄 어린이를 인지하지 못할 수 있기 때문이다. 이러한 정지거리는 시속 30 km 속도로 운행하더라도 적시에 차량을 멈추기에는 부족할 수 있다(최병호 외, 2010).

따라서 보호자는 자녀를 운전자가 적시에 인지시킬 수 있는 방법에 관심을 가져야 한다. 물론 노랑, 빨강과 같은 경고색상의 의복이 무채색 계열의 복장보다 시인성개선에 도움이 될 수 있으나, 의복뿐만 아니라 헬멧과 가방 모두에 반사재로 설계한다면 사고예방에 훨씬 효과적일 수 있다.

자전거용 성인 안전의복의 소매는 반사띠(Blinks)로 마감하여 교통안전 시인성을 높이는 효과가 있다. 반사재 면적은 의복의 전면과 후면에 최대한 넓게 설계하여야 한다. 우기, 안개, 야간 등 시인성이 불량한 계절에는 운전자가 자전거를 간과할 확률이 높아진다. 따라서 시인성을 향상한 안전의복을 착용하는 것은 자전거사고를 예방하기 위한 필수적인 대책이다. 자전거의 주야간 시인성을 높이기 위해 안전의복은 360° 회전각 시인성이 확보된 재귀반사재로 마감하여야 한다. 또한 재귀반사재를 이용한 생체동작 표지를 발목과 무릎에 부착하면 자전거의 시인성을 뚜렷하게 개선시킬 수 있는 것으로 보고되고 있다(Wood et al., 2012).

현행 국내 도로교통법에는 13세 미만의 어린이에 한하여 어린이의 보호자는 교통이 빈번한 도로 외의 도로에서 어린이가 자전거를 탈 어린이를 보호하기 위하여 인명보호장구를 착용하도록 규정되어 있으나, 위반 시 벌칙조항이 없어 제대로 이행되지 않고 있으며 성인의 경우는 아무제재가 없는 실정이다. 더욱이 반사재를 이용한 안전의복의 착용에 대해서는 공론화가 이루어진 적이 없다.

국내 자전거 중 수입자전거의 총액은 계속 증가하여 자전거 이용자는 더욱 늘 것으로 예측되어 이에 따른 자전거 관련 교통사고도 계속 증가될 것으로 전망할 수 있다. 자전거로 인한 사고 중 생명과 직결될 수 있는 모든 연령대의 이용자가 자전거 이용시에는 반드시 안전의복, 헬멧 등 개인 보호 장비 착용을 의무화하도록 하고, 위반 시 제재조치를 법규화하는 등 실효성이 있는 제도 운영이 필요하다. 야광조끼를 착용하지 않은 어린이를 운전자는 30 m 전방에서 겨우 인식할 수 있으나 착용 시 100 m 전방에서 인지하여 사고예방의 효과가 매우 크다. 따라서 자전거 이용자를 위한 야광조끼에 대한 복장기준(예: 전체 면적의 10% 이상 재귀반사재 사용 비율)에 대한 개발연구와 착용의무화 제도의 도입은 필수적이다(최병호 외, 2010).

참고문헌

1   경찰청, (2014), 교통사고통계.

2   최병호, 김현진, 김민정, 정민영, (2010), 자전거 교통안전 종합대책 수립방안 연구, 교통안전공단.

3   Cavegn, M., Walter, E., Brüugger, O., Salvisberg, U., (2004), Förderung der Benutzung von Schutzprodukten im Strassenverkehr bfu.

4   DIN 58124, (2010), Schulranzen-Anforderungen und Prüfung(독일표준협회 학생가방의 특성과 시험).

5   EN 1150, (1999), Protective clothing. Visibility clothing for non-professional use-Test methods and requirements.

6   Heinrich, C. & Osten-Sacken, E., (1996), von der Möglichkeiten zur Verbesserung der Verkehrssicherheit von Fahrräadern In Verkehrsicherheit von Fahrräader, BASt.

7   Jaermark, S., Gregersen, N. P., Linderoth, B., (1991), The use of bicycle lights TFB & VTI Research.

8   Kwan, I., Mapstone, J., (2004), Visibility aids for pedestrians and cyclists: a systematic review of randomised controlled trials, Accident Analysis and Prevention, 36(3), pp. 305 – 312.

9   Scherer, C., (1994), Funktionstüchtigkeit und Benützung der Fahrradbeleuchtung in der Schweiz, Bern: bfu-Beratungsstelle für Unfallverhütung.

10 Scherer, C., Ewert, E., (1996), Funktionstüchtigkeit und Benützung der Fahrradbeleuchtung in der Schweiz 1995/1996, Bern: bfu - Beratungsstelle für Unfallverhütung.

11 Verkehrsclub Österreich VCÖO und Arbeitsgemeinschaft umweltfreundlicher Stadtverkehr ARGUS, (2005).

12 Wood, J. M., Tyrrell, R. A., Marszalek, R., Lacherez, P., Carberry, T., Chu, B. S., (2012), Using reflective clothing to enhance the conspicuity of bicyclists at night, Accident Analysis & Prevention, 45, pp. 726-30.

인터넷 및 사이트

1   http://www.spoteo.de/nachrichten/nachricht_2374_0_Highlights-der-Herbst-
    Winter-Radbekleidungskollektion-2013-14-von-SUGOI.html
    (가을과 겨울철 자전거 안전의복의 선택기준)

2   http://www.lifeline.de/vorsorgen/kindergesundheit/ein-guter-schulranzen-sitzt-
    und-ist-sicher-id32523.html#ixzz3syAwWNIL
    (학생가방 선택기준)

3   http://www.schulranzen-berater.de/schulranzen-mit-din-norm-was-bedeutet-das
    (교통안전가방 관련)

4   http://www.lassners.de/DIN-Norm + 58124 + f%C3%BCr + Schulranzen
    (교통안전가방 제작표준 관련)

5   http://mama-notes.de/welcher-schulranzen-ist-der-richtige-fuer-das-kind
    (교통안전가방 선택 시 고려사항)

6   http://www.dvr.de/presse/informationen/774.htm
    (독일교통안전위원회 교통안전가방 제작표준 관련)

7   http://www.br.de/themen/ratgeber/inhalt/familie/schulranzen-ruecken-schulan
    fang100.html
    (교통안전가방 길라잡이)

8   http://www.verkehrssicherheitsprogramme.de
    (독일자동차검사협회 DEKRA 교통안전 프로그램)

9   http://www.project-sichtbar.de (DEKRA 시인성 개선 프로젝트)

10 https://www.test.de (독일품질평가재단 Stiftung Warentest)

11 http://www.safetyequipment.org/userfiles/File/Hi_Viz/hiviz-brochure2010-1up.pdf
    (미국 ISEA 홈페이지, 고휘도 안전의복 제조사 정보)

12 http://www.wien.gv.at/verkehr-stadtentwicklung/sichtbarkeit.html
    (비엔나 도로관리청의 야간 시 어린이 보행자 시인성 개선대책)

13 http://www.deutsche-handwerks-zeitung.de/sicherheit-bei-neuer-norm-fuer-
    warnkleidung/150/3096/259175)
    (독일기능인신문 생체동작 기반 고시인성 안전의복 사례)

14 http://sizekorea.kats.go.kr/
    (제6차 한국인인체치수조사사업)

CHAPTER 7

안전의복의
활성화 방안

앞서 언급한 바와 같이 국내 도로 교통사고율은 완만하게 감소하고 있지만 도로작업자, 자전거 이용자, 고령자, 어린이 등 교통약자의 사고율은 여전히 증가하고 있고 치사율도 높은 실정이다. 이를 위해 정부부처는 물론이고 도로관리청, 공공기관에서 수많은 정책을 계획하여 수행하고 있으나, 그들 대부분은 도로점용공사장과 주변 도로 환경간의 분리막 설치, 저녁 무렵부터 지방도로에서 고령자들의 접근과 자전거 이용을 제한, 학교 주변 도로의 차량속도를 제한, 보행자의 무단횡단 금지 등 차량 운전자와 자전거 이용자, 보행자들의 활동범위와 시간을 제한하는 정책이 주를 이루었다. 하지만 교통선진국에서는 국제표준 EN ISO 20471 또는 미국표준 ANSI/ISEA 107 기준을 마련하여 도로환경에서 근무하는 작업자, 보행환경에서 이동하는 교통약자의 활동범위를 제한하지 않는 범위에서 차량 운전자에게 작업자와 보행자의 존재와 위치를 정확하게 알려줄 수 있는 방법으로 고시인성 안전의복 착용을 의무화하고 있다. 안전의복의 의무 착용 범위에는 주차요원, 쇼핑카트 수거원까지 포함하고 있으며, 작업환경의 위험도에 따라 보호등급을 나누고 이에 적합한 안전의복을 착용하도록 하고 있다. 두 표준의 차이점 가운데, ANSI/ISEA 107에서는 안전모자까지 포함하고 있는 점이다. 또한 국제표준을 바탕으로 어린이용 책가방, 모자를 비롯하여 보행자 및 자전거 이용자를 위한 의복으로 범위를 확대하고 있다.

국제조화규정은 1989년에 유럽표준기구(ENO)가 고시한 지침(PSA 89/686/EWG)을 통해 회원국의 개인맞춤형 보호 장비에 대한 개별규정을 통일화하였다. 국내에서는 고시인성 안전의복에 대한 인식이 희박하고 관련 제도가 마련되어 있지 않다. 이는 국내 보호구의 활성화 저해요인에서도 잘 나타나 있는데, 품질이 확보되지 않은 저가제품의 유통, 시장환경을 충족하지 못하는 경직된 안전인증관련 규정, 생산설비 및 시험장비 등 투자자금의 부족 등에 대한 문제점을 파악하여 해결하여야 한다(안전보건공단, 2008). 이에 먼저 도로점용공사장, 철도공사장 작업자뿐만 아니라 택배, 퀵서비스 분야 이륜자동차 운전자도 시인성 향상을 위해 안전의복과 신발의 시인성 기준이 마련되어야 한다. 이와 관련하여 2016년 1월 22일 유럽연합은 유럽이륜자동차협회(FEMA)에서 제안한 이륜자동차(Motorcycle gear) 운전자를 위한 보호복(PPE)에 대한 새로운 규정을 공표하였다. 이에 따르면 향후 유럽연합 시장에 진출한 모든 이륜자동차 제조사는 이륜자동차 라이더가 주행사고에 의한 찰과상이나 자동차 상충에 의한 충격에 의한 부상 정도를 최소화하는 데 필요한 보호복(PPE)을 제공하여야 한다.[13] 유럽연합은 인증된 보호복 착용을 강제하는 방안을 검토 중에 있다(FEMA 홈페이지).

다음으로 고시인성 안전의복의 착용의무화에 대한 근거를 산업안전보건법, 도로법, 운수사업법, 교통안전법, 철도안전법, 항공안전법에 마련할 필요가 있다. 다시 말해 도로점용공사, 도로환경미화, 도로점검, 응급구조, 차량견인, 손해사정, 정비수리, 철로공사, 철로점검 등 위험직무군의 특성을 고려한 착용기준을 관련법에 반영하여야 한다. 마지막으로 고시인성 안전의복 관련 국내 표준, 법규를 마련하기 위해서 사전에 필요한 사항을 살펴보면 다음과 같다.

첫째, 작업자 및 보행자가 고시인성 안전의복을 착용함으로써 운전자의 시인성이 개선되는 등 사회 전반에 걸쳐 안전의식을 높이는 것이다. 이와 관련하여 독일자동차검사협회(DEKRA)는 야간 어린이의 도로사고 예방을 위해 안전모자와 상체를 감는 반사밴드를 제작, 보급하는 "DEKRA Kinder-kappe" 교통안전 캠페인(Safety needs brains)을 사회공헌 차원에서 매년 수행하고 있다. 일본에서도 고시인성 안전의복에 관한 일본규격 JIS T 8127을 준비하는 과정에서 고시인성 안전의복을 착용하고 거리를 행진하는 "JAVISA WALKING" 캠페인을 실시하여 일반시민들의 큰 호응을 이끌어내었다. 따라서 국내 교통안전이 취약한 어린이, 고령자, 자전거 이용자 등 교통약자의 주야간 시인성 향상을 위해 "눈에 보이게(Make you visible)" 캠페인을 펼쳐 안전의복의 보급을 활성화하는 방안을 적극 고려해 볼 필요가 있다.

───
13 이륜자동차용 헬멧과 챙(Visor)은 별도로 UN ECE Regulation no. 22에 규정되어 있다. 고령운전자의 증가세를 감안하여 자동차사고 충격파에 매우 민감한 특성을 고려한 고령운전자용 보호복의 개발도 흥미로운 연구개발의 아이템으로 볼 수 있다.

둘째, 운전자 대상 안전운전 체험훈련 과정에 보행자 및 작업자의 인지를 비롯한 전반적인 운전자의 시인성 문제에 대한 안전의식을 높이는 방안이 강구되어야 한다. 예컨대 교통안전공단 교통안전교육센터는 국내 유일의 안전운전 체험훈련을 제공하고 있는데, 체험훈련 과정에 도로점용공사장 신호수(Flagger)의 지시를 준수하여야 하고, 노변 작업자 또는 보행자의 시인성 확보를 위해 차간 거리를 일정하게 유지하고, 꼬리물기(Tailgating) 행위의 위험성에 대한 의식을 강화하는 내용을 담을 필요가 있다. 또한 도로점용공사장을 통과할 경우 차선을 변경하지 않도록 체계적인 홍보와 캠페인이 필요하다. 한편 도로관리청이 도로점용공사장 구간을 추월금지 구간으로 지정하는 적극적인 대책을 강구하여야 한다. 예컨대, 경사구간, 진출입로, 램프 구간이나 일평균 교통량이 4만 대 수준이고 대형차량 비율이 15% 이상인 편도 2차로 국도, 3.5톤을 초과하는 대형차량이 통행하는 경사구간에 설치된 도로점용공사장은 도로관리청이 추월금지구간으로 지정하는 권한을 확보하여 능동적으로 대처하여야 한다. 일례로 독일 연방교통부(BMVI)는 2009년 도로교통법 시행령을 개정하여 시간당 2천대 교통량이 통과하는 편도 2차로 국도에서 빈번한 추월로 교통류에 지장을 주고 도로점용공사장의 안전을 위협하는 경우 도로관리청이 추월금지구간으로 지정하고 위반 시 벌금을 부과하도록 하였다.

셋째, 도로현장직무 종사자를 대상으로 안전의복 체험훈련(Safety gear training)을 제공할 수 있는 프로그램 개발이 필요하다. 고시인성 안전의복 착용을 전제로 하여 도로점용공사장 작업자와 신호수는 작업 중 반드시 안전지대 내에서 활동하도록 반복적인 의식화 훈련을 요한다. 운전자에게는 도로점용공사가 도로개선의 혜택이 있고, 공사장 접근로 교통류에 맞추도록 의식을 개선하는 캠페인 전략을 강구하여야 한다.

넷째, 작업환경의 특성을 고려한 작업자 안전의복의 안전도를 시험·평가할 수 있는 피복공학 전문가 양성이 필요하다. ISO 20471에 의하면 사용자는 근로자의 작업환경에 대한 위험도를 평가할 의무가 있으며, 근로자에게 적합한 안전의복의 선택을 위해 도로점용공사장의 피복공학 및 인간공학적 요건을 고려하도록 명시하고 있다. 미국 연방교통부의 도로교통 통제장치 설치매뉴얼(MUTCD, 2003)에서는 작업장의 위험도를 평가하여 안전의복의 보호등급을 결정하는 절차를 구체적으로 다루고 있다. 작업자에 적합한 안전의복의 선택을 위해 작업자의 업무유형과 관련하여 어떠한 특별한 위험요인에 노출되어 있는지 현장점검이 선행된 후, 작업자의 직무환경, 직무기능 외에도 작업의 쾌적성, 내구성, 시인성 등 요구조건을 충족하는 안전의복을 선정하도록 의무화되어 있다. 안전의복의 필요성에 대한 의식화와 적절한 사용에 대한 교육훈련 방안도 필요하다. 그 외에도 안전의복의 디자인과 쾌적성이 이용자의 안전의복 착용의사에 영향을 미치기 때문에 안전의복의 미학적, 인체공학적 인간요인에 대한 경험연구는 안전의복의 활성화에 필수적 사항으로 고려되어야 한다. 국제표준에 명시된 대로 주황 형광직물이나 노랑, 빨강 형광직물이 주간 시인성에 효과적이다. 하지만 최근에는 은색 형광직물도 유사한 효과를 갖고 있는 것으로 보고되고 있어 이를 응용한 제품 디자인도 시도되고 있다. 재귀반사재 수량, 배치 등도 표준에 명시되어 있으나 시인성 향상에 영향을 미치지 않는 범위 내에서의 새로운 디자인 시도가 필요하다. 반면 재귀반사재는 조명을 받으면 흰색으로 보이기 때문에 중요한 디자인 요소 중 하나인 색상 대비는 재귀반사재의 검증된 속성은 아니므로 충분히 염두에 두어야 한다. 국제표준의 안전의복 디자인은 예시적인 것으로 재귀반사재의 배치 또는 너비 등 디자인의 다양한 시도는 열려 있다.

고시인성 안전의복의 착용 의무화는 도로점용공사장의 환경이 복잡할수록, 도로점용공사장을 통과하는 일평균 차량대수가 많을수록, 작업자의 업무 난이도가 높을수록, 통행속도가 높을수록, 시인성조건이 불량할수록 필수적이다. 고시인성 안전의복은 원거리에서 고속주행 시 운전자가 작업자와 신호수를 콘, 드럼, 표지판, 경고임계시설(Warning thresholds) 등 기타 교통통제시설과 쉽게 구별할 수 있는 것이어야 한다. 반면 개인맞춤형 보호 장비의 착용이 도로점용공사장의 안전대책, 예컨대 차도로부터 공사장의 물리적 분리, 통과교통의 우회도로 유도 등을 대체할 수 없다는 사실을 전제로 할 필요가 있다. 즉, 고시인성 안전의복을 착용함으로써 반드시 모든 작업환경에서 착용자의 인지를 완벽하게 보장하지는 않는다.

다시 말해 차도로부터 물리적 분리, 우회도로 유도 등과 함께 병행할 수 있는 훌륭한 보완재라는 것을 운영자 및 작업자에게 강조하여야 한다. 한편, 탑승자를 보호하는 자동차의 안전설계는 이미 상당한 수준에 도달하였으나 보행자, 자전거 등 교통약자 보호를 위한 도로교통 설계는 후진국 테두리(차가 우선, 사람은 차선)에 머물러 있다. 후진국형 사고통계를 개선하기 위한, 비용 대비 효과성이 높은 단기대책이 시인성 개선을 통한 안전성 확보이다. 향후 작업자 및 교통약자의 안전의복에 대한 국제기준의 조화, 안전의복의 시인성 향상 및 착용 의무화 등 다각적인 투자와 신속하고 전문적인 지원을 기대해 본다.

참고문헌

1 안전보건공단, (2008), 보호구·방호장치 및 안전설비 시장 실태조사/활성화 방안연구 보고서.
2 월간 사업구상(일본), (2014), 세계표준의 고시인성 안전복 보급, 10월호.
3 Federal Highway Administration, (2009), National Standard for Traffic Control Devices ; the Manual on Uniform Traffic Control Devices for Streets and Highway Revision (MUTCD), Federal Register Vol. 74, No. 240.

인터넷 및 사이트

1 http://direkt.sicherheits-berater.de/2015/aktuelle-ausgabe/ausgabe-52015-beitrag-15.html.
(독일 연방교통부의 추월금지구간 관리규정)
2 https://www.bussgeldkatalog.org/ueberholen.
(독일 연방교통부의 추월금지위반 벌금규정)
3 http://www.verkehrssicherheitsprogramme.de/downloads/p120/120_0.pdf.
(독일자동차검사협회 DEKRA 어린이 안전모자 시인성 효과)

■ 용어 정의

번 호	용 어	정 의	대응영어
01	고시인성 안전의복	위험성이 큰 상황에서 시인성을 높이려는 목적을 가진 의복	high visibly clothing
02	재귀반사	넓은 조사각에 있어서 입사광의 광로에 따라 선택적으로 반사광이 되돌아가는 반사	retroreflection
03	재귀반사체	반사광의 거의 대부분이 재귀반사로 되어 있는 면 또는 기구	retroreflector
04	재귀 반사성능	재귀반사체가 어느 방향에서 조사될 때 입사광의 방향에 따라 선택적으로 되돌아오는 반사광의 측광적 성능, 이는 재귀반사광도계수, 재귀반사계수, 재귀반사휘도계수로 표시한다	retroreflective properties
05	재귀반사 광도계수	입사각에 수직한 재귀반사체의 조도(En)에 대한 관측방향에서의 광도(I)의 비 • 기호 : $R = I/En$ • 단위 : $cd \cdot lx^{-1}$	coefficient of luminous intensity of retroreflection
06	재귀 반사계수	재귀반사체의 단위면적(A)에 대한 재귀반사광도계수(R)의 비 • 기호 : $R' = R/A$ • 단위 : $cd \cdot lx^{-1} \cdot m^{-2}$	coefficient of retroreflection
07	재귀반사 휘도계수	입사광에 수직한 재귀반사체의 조도(En)에 대한 관측 방향에서의 휘도(L)의 비 • 기호 : $R = L/En$ • 단위 : $cd \cdot m^{-2} \cdot lx^{-1}$	coefficient of retroreflected luminance
08	관측축	재귀반사체의 기준표점과 측광기의 중심을 잇는 축	observation axis
09	조사축	재귀반사체의 기준표점과 광원의 중심을 잇는 축	entrance axis
10	관측각	조사축과 관측축이 이루는 각	observation angle
11	입사각	들어오는 빛의 조사축과 재귀반사체 표면의 수직 축 사이의 각도	entrance angle
12	형광물질	물질은 빛을 받으면 어떤 상태든 형광을 발하는데, 이는 전자기파를 흡수하여 가시광선 즉 빛을 방출하는 물질	fluorescent material
13	형광바탕재	형광물질로 염색한 것으로 눈에 잘 띄도록 의도된 재료	background material

(계속)

번호	용어	정의	대응영어
14	재귀반사재	재귀반사체를 이용한 것으로 눈에 잘 띄도록 의도된 재료	retroreflective material
15	개별성능재	형광바탕재 또는 재귀반사재 특성 중 하나가 보이도록 의도된 재료	separate performance retroreflective material
16	혼합성능재	형광바탕재 또는 재귀반사재 특성이 동시에 보이도록 의도된 재료	combined performance material
17	광도	광원에서 일정한 방향으로 방사되는 빛의 세기 • 기호 : cd • 단위 : 칸델라(candela)	luminous intensity, I
18	조도	광원으로부터 물체의 평면에 도달하는 단위 면적당 광속으로 빛의 밀도 • 기호 : lx • 단위 : 럭스(lux)	illuminance, E
19	휘도	빛을 발하거나 반사하는 물체의 밝기, 광원의 단위 면적당 밝기의 정도 • 단위 : $cd \cdot m^{-2}$	luminance, L

교통안전과 의복생활

2016년 6월 25일 제1판 1쇄 인쇄 | 2016년 6월 30일 제1판 1쇄 펴냄
지은이 강인형·최병호 | **펴낸이** 류원식 | **펴낸곳** **청문각출판**

주소 (10881) 경기도 파주시 문발로 116(문발동 536-2) | **전화** 1644-0965(대표)
팩스 070-8650-0965 | **등록** 2015. 01. 08. 제406-2015-000005호
홈페이지 www.cmgpg.co.kr | **E-mail** cmg@cmgpg.co.kr
ISBN 978-89-6364-280-2 (93530) | **값** 14,000원